ACHAT, RÉCOLTE

ET

...TION DES GRAINES RÉSINEUSES

...ES PAR L'ADMINISTRATION DES FORÊTS

PAR

ANDRÉ THIL

Inspecteur adjoint des forêts.

...RAIT DE LA REVUE DES EAUX ET FORÊTS

Janvier à août 1884.

PARIS

...DE LA REVUE DES EAUX ET FORÊTS

RUE FONTAINE-AU-ROI, 13

1884

ACHAT, RÉCOLTE

ET

PRÉPARATION DES GRAINES RÉSINEUSES

EMPLOYÉES PAR L'ADMINISTRATION DES FORÊTS.

PARIS. — TYPOGRAPHIE A. HENNUYER, RUE DARCET, 7.

ACHAT, RÉCOLTE

ET

PRÉPARATION DES GRAINES RÉSINEUSES

EMPLOYÉES PAR L'ADMINISTRATION DES FORÊTS

PAR

ANDRÉ THIL

Inspecteur adjoint des forêts.

EXTRAIT DE LA REVUE DES EAUX ET FORÊTS

Janvier à août 1884.

PARIS

BUREAUX DE LA REVUE DES EAUX ET FORÊTS

RUE FONTAINE-AU-ROI, 13

1884

ACHAT, RÉCOLTE

ET

PRÉPARATION DES GRAINES RÉSINEUSES

EMPLOYÉES PAR L'ADMINISTRATION DES FORÊTS.

L'Administration des forêts emploie, pour exécuter les repeuplements artificiels dans les massifs domaniaux et les travaux de reboisement entrepris ou subventionnés par l'État, douze espèces de graines résineuses, savoir :

1° Le pin sylvestre (*pinus sylvestris*), divisé en trois variétés distinctes : pin sylvestre des Alpes, d'Auvergne et d'Allemagne (1);

2° Le pin maritime (*pinus pinaster*) ;

3° Le pin à crochets (*pinus montana*) ;

4° Le pin cembro (*pinus cembra*) ;

5° Le pin d'Alep (*pinus halepensis*) ;

6° Le pin pinier (*pinus pinea*) ;

7° Le pin laricio de Corse (*pinus laricio corsica*);

8° Le pin laricio de Saint-Guilhem ou des Cévennes (*pinus laricio cebennensis*) ;

9° Le pin laricio d'Autriche (*pinus laricio nigra vel austriaca*);

10° L'épicéa (*abies picea*) ;

11° Le sapin (*abies pectinata*) ;

12° Le mélèze (*larix europæa*).

Le cèdre et le pin de lord Weymouth sont encore employés sur quelques points, mais le service réduit de plus en plus les demandes de ces essences.

Le relevé des approvisionnements faits à diverses époques donne une idée de l'importance que cette partie du service forestier a prise depuis le commencement du siècle.

---

(1) La graine préparée à Fontainebleau ne peut pas être considérée comme celle d'une variété distincte. Elle provient de massifs encore jeunes, ensemencés avec des graines envoyées d'Allemagne et de Haguenau.

1

En 1824, lors de l'établissement de la première sécherie de Haguenau, l'Administration employait 6 000 kilogrammes de graines de pin sylvestre ; ce chiffre servit de base pour le calcul des dimensions de cet établissement, le premier créé en France ; la fourniture et la récolte des graines d'autres essences n'avaient pas d'importance, chaque forêt se fournissait elle-même.

En 1853, l'approvisionnement acheté à M. Rich, chargé de pourvoir à tous les besoins du service forestier, comprenait 29 705 kilogrammes de graines tant ailées que désailées, savoir :

	Kilogrammes.
Graines ailées de pin sylvestre (valant environ 15 000 à 16 000 kilog. de graines désailées)	20 000
— d'épicéa (valant environ 3 500 à 6 000 kilogrammes désailées)	7 660
— de sapin	1 690
— de mélèze	320
— de pin d'Alep	20
— de pin laricio de Corse	5
— de pin cembro	5
— de pin de lord Weymouth	5
Total égal	29 705

Sept ans après, la loi sur le reboisement des montagnes fut promulguée, la consommation annuelle s'éleva brusquement, et elle augmenta ensuite toutes les fois que le crédit budgétaire s'accrut lui-même.

En 1881, la consommation s'est élevée à 54 711 kilogrammes, savoir :

	Kilogrammes.
Graines désailées de pin sylvestre	15 514
de pin à crochets	4 894
— de pin maritime	13 222
de pin cembro	3 295
— de pin d'Alep	1 906
— de pin noir d'Autriche	4 776
de pin laricio de Corse	382
— de pin laricio de Saint-Guilhem	70
— de mélèze	7 072
— d'épicéa	2 390
— de sapin	940
Cônes de cèdre de l'Atlas	250
Total égal	54 711

Ce chiffre aurait été certainement porté à plus de 60 000 kilogrammes, si l'approvisionnement en pin à crochets et pin cembro avait été suffisant pour répondre à toutes les demandes.

En cinquante-huit ans, la quantité employée a donc décuplé, et depuis vingt-huit ans elle a presque triplé, si l'on considère que le chiffre de 1853, indiqué ci-dessus s'applique à des graines ailées.

L'approvisionnement annuel n'est pas obtenu actuellement sans difficulté par suite de sa variété et de son importance. Le commerce ne peut répondre à toutes les demandes dans des conditions satisfaisantes de prix et de qualité; certaines espèces même ne peuvent être fournies par lui. Aussi l'Administration centrale est obligée de s'ingénier pour réunir chaque année les semences résineuses qui lui sont nécessaires. Elle puise à trois sources qui seront étudiées séparément :

Le commerce ;

Les récoltes à la main ou avec préparation solaire;

Les sécheries à étuve.

II. LE COMMERCE.

Commerce étranger. — Les graines demandées au commerce étranger sont celles des essences suivantes :

1° Le pin noir d'Autriche ;

2° L'épicéa ;

3° Le mélèze ;

4° Le pin sylvestre.

La première seule de ces essences n'est pas indigène en France et ne peut être fournie que par les pays d'origine; il est peu probable que l'Administration puisse jamais récolter les graines de cette espèce dans les massifs créés par elle sur de petites surfaces en général; il faudra longtemps encore avoir recours à l'étranger.

Cette précieuse essence est de moins en moins demandée depuis quelques années; les chiffres ci-dessous indiquent cette décroissance depuis 1874.

	Graines désailées employées pour les travaux de toute nature.
1874	12 534 kilog.
1875	6 839
1876	6 456
1877	6 290
1878	5 571
1879	4 905
1880	4 984
1881	4 776

Cette diminution tient à deux causes principales :

Le pin noir a été introduit dans le principe à presque toutes les altitudes, tandis qu'il convient surtout à la basse montagne des régions similaires à celles de l'Isère, de la Drôme et de l'Ardèche.

Dans d'autres cas, ce pin a été planté concurremment avec d'autres essences mieux appropriées au sol, qui l'ont rapidement étouffé. Les agents préfèrent actuellement employer ces essences seules au détriment du pin noir.

L'épicéa pourrait être récolté en France, où il existe de grands massifs de cette essence ; mais, malgré des essais faits à plusieurs reprises, l'Administration n'a pas encore pu obtenir cette sorte de graine à un prix égal ou inférieur à celui du commerce étranger. Il ne faut pas induire de là que ce résultat ne pourra jamais être obtenu ; mais l'étranger aura toujours sur nous deux avantages contre lesquels il est difficile de lutter : la main-d'œuvre à meilleur marché, et des forêts d'épicéa plus accessibles en hiver. En France, les grands massifs de cette essence sont presque tous situés sur le haut des montagnes et sur des terrains en pente rapide ; la sortie des cônes hors de la forêt couverte de neige dès le mois d'octobre est pénible et parfois dangereuse. Les habitudes locales rendent aussi très difficile l'organisation des récoltes. Les habitants de ces régions vivent, en hiver, d'industries qui leur permettent de gagner leur vie sans sortir de leurs maisons, ou qui les forcent à s'expatrier momentanément. Ces industries sont plus lucratives et moins dangereuses que la récolte des cônes.

Le service forestier demande de moins en moins les graines d'épicéa ; les fournitures de 1870 s'élevèrent encore à 10 000 kilogrammes, elles furent réduites en 1874 à 3715 kilogrammes ; en 1881, elles n'étaient plus que de 2 390 kilogrammes. Cette diminution tient aux insuccès obtenus. Cette essence fut très en faveur pendant les premières années de l'application de la loi sur le reboisement, parce que les agents ne l'avaient pas encore suffisamment étudiée.

Elle donne de très beaux semis en pépinière ; et quoique sensible à l'ardeur du soleil, le jeune plant résiste et languit pendant quelques années avant de disparaître. Les premiers planteurs espéraient toujours que leurs jeunes épicéas reprendraient de la vigueur ; depuis, il a été reconnu que le dépérissement du plant tient à son enracinement très superficiel, qui ne lui permet pas de fixer assez profondément les sols instables des périmètres et ne le met pas à l'abri de l'action de la gelée et du soleil, lorsque les sols ne sont pas bien enherbés.

La préparation de la graine de mélèze nécessite l'emploi de machines spéciales qui n'existent pas en France. Les massifs de cette essence n'y ont pas, du reste, assez d'étendue pour que ces appareils y soient utilement importés. Quelques récoltes solaires ou des ramassages sur la neige ont bien été faits à Modane et à Briançon ; mais la quantité recueillie était insignifiante, le prix de revient trop élevé et la qualité germinative inférieure ; l'Administration renonça à ces récoltes pour s'adresser entièrement à l'étranger.

La presque totalité de la graine de mélèze employée dans le service forestier vient du Tyrol.

Le pin sylvestre acheté en Allemagne est destiné à parfaire l'appro-visionnement insuffisant des sécheries domaniales. La quantité de-mandée est en conséquence très variable d'une année à l'autre; elle sera de moins en moins considérable au fur et à mesure que l'industrie du ramassage des cônes se développera en France.

L'approvisionnement demandé à l'étranger est réalisé chaque année au moyen d'une adjudication restreinte, faite par les soins de l'Admi-nistration centrale. Le mode, qui va être décrit, a dû être adopté pour obtenir une concurrence aussi grande que possible. L'éloignement du domicile des concurrents, demeurant tous à l'étranger, ne permettait pas de les convoquer en séance publique; les frais considérables du voyage à faire, l'incertitude de conclure un marché auraient réduit le nombre des soumissionnaires et les auraient rendus plus exigeants au point de vue du prix. La tentative d'adjudication faite en 1873 a démon-tré ces faits. C'est à la suite de cet insuccès que le mode ci-après a été combiné.

Tous les ans, au mois d'octobre, une lettre circulaire est adressée à tous les propriétaires de sécheries ou magasins de graines résineuses demeurant à Darmstadt, en Saxe, en Bavière, Bavière rhénane, Wur-temberg, Autriche, Hongrie ou tout autre pays, et inscrits sur la liste ouverte depuis dix ans dans le bureau du service des reboisements; elle les invite à transmettre, dans le mois, des offres écrites par les-quelles ils proposent de fournir aux conditions du cahier des charges relatives aux fournitures de graines résineuses, un nombre déterminé de kilogrammes de graines désailées d'une ou plusieurs des quatre es-pèces de semences demandées, à un prix fixé par kilogramme donnant une proportion déterminée en tant pour 100 de graines susceptibles de germination, soit, par exemple : 5000 kilogrammes de graines de pin sylvestre au prix de 5 fr. 50 le kilogramme donnant 75 à 80 pour 100 de graines susceptibles de germination.

Les conditions du cahier des charges sont résumées en dix articles, dont l'application n'a donné lieu à aucune contestation jusqu'à ce jour.

Ces conditions sont :

ART. 1er. La fourniture des graines aura lieu par voie de soumissions directes.

ART. 2. Les soumissions devront être produites sur papier timbré et conformes au modèle annexé à la lettre d'avis.

Elles seront enregistrées dans un délai de *vingt jours* après leur acceptation par M. le Président du Conseil d'administration des forêts.

Les frais d'enregistrement et ceux de timbre d'un exemplaire du cahier des charges sont à la charge du soumissionnaire.

ART. 3. Les graines livrées devront être désailées, fraîches, de bonne qualité et purgées de toutes matières étrangères, telles que sable, poussière, débris d'écailles, graines vaines, etc. Soumises aux vérifications indiquées à l'article 4, elles devront produire une proportion de semences susceptibles de germination au moins égale à celle indiquée dans la soumission.

ART. 4. Les vérifications seront faites au domaine des Barres par les soins du directeur de cet établissement, dans les vingt-cinq jours qui suivront l'arrivée des graines.

Elles porteront : 1° sur le poids ; 2° sur la pureté des graines ; 3° sur leur qualité ou faculté germinative.

Les graines seront pesées, déduction faite du poids des sacs.

Elles seront ensuite passées au tarare, de manière à les débarrasser de toutes les matières étrangères.

Enfin, pour constater leur qualité, il sera pris au hasard, parmi les semences ainsi nettoyées, un nombre déterminé de graines (1 200 à 2 500) pour être essayées soit sur une flanelle, soit dans une terrine remplie de terre et placée dans une serre chaude dont la température sera constamment maintenue entre 15 et 20 degrés centigrades. Les épreuves seront poursuivies pendant trois semaines ; les graines qui auront germé, seront enlevées au fur et à mesure et pointées sur un calepin spécial.

Le procès-verbal du pesage, du nettoyage et de l'épreuve de germination sera signé par le directeur et par le fournisseur ou son mandataire, s'il a jugé convenable d'assister ou de se faire représenter à ces opérations.

ART. 5. Le déficit constaté lors du pesage, le déchet résultant du nettoyage au tarare, donneront lieu à une réduction proportionnelle du prix de la fourniture. Toutefois l'Administration admet, en ce qui concerne le déchet du nettoyage, une tolérance de 0,30 pour 100.

Cette tolérance est portée à 3 pour 100 pour les fournitures de graines de mélèze.

ART. 6. Toute fourniture qui n'aura pas satisfait aux conditions de germination fixées par la soumission sera refusée. Toutefois, en cas de besoins urgents, l'Administration se réserve la faculté de l'accepter ; mais, dans ce cas, le prix par kilogramme sera réduit dans la proportion du déficit constaté, de telle sorte que si, en regard d'une garantie fixée à 70 pour 100, par exemple, la vérification n'a révélé que 65 pour 100 de bonnes graines, la réduction sera opérée dans la proportion de 65 à 70.

ART. 7. Les graines devront être expédiées en sacs d'un poids net de 50 kilogrammes au domaine des Barres, en gare à Nogent-sur-Vernisson (Loiret).

Les sacs devront porter la marque du fournisseur et restent acquis à l'Administration des forêts. Les frais d'emballage et de port jusqu'à destination sont à la charge du fournisseur.

Art. 8. Les graines devront être rendues à Nogent-sur-Vernisson avant le 20 janvier ; s'il y a retard dans la livraison, pour quelque motif que ce puisse être, il sera fait au fournisseur une retenue de 1 centime par franc sur le prix total de la fourniture et pour chaque jour de retard.

Art. 9. Le payement des fournitures sera effectué en un seul terme, sans intérêts, dans les trois mois de l'acceptation des graines. Il aura lieu au moyen d'un mandat délivré sur la caisse du payeur central du Trésor public, à Paris, lequel mandat sera acquitté en espèces françaises ou en billets de la Banque de France.

Art. 10. Toutes les difficultés qui pourront survenir dans l'application ou l'interprétation des clauses du présent cahier des charges seront portées devant le Ministre de l'agriculture, sauf recours au conseil d'État.

Tous ces articles, clairement énoncés, ne nécessitent que quelques explications qui trouveront leur place ci-après :

Lorsque le délai d'un mois est expiré, toutes les lettres reçues sont réunies, et le tableau des offres est dressé pour faciliter le choix des fournisseurs.

Il résulte de la méthode adoptée que toutes les offres sont faites avec des qualités germinatives différentes. Cette méthode est bonne. Si l'on exigeait un taux fixe, certains fournisseurs pourraient garantir leur graine en calculant les réductions qui seraient faites ultérieurement en vertu de l'article 6. L'Administration croirait acheter de la bonne graine et n'aurait que des semences de qualité médiocre ; la possibilité d'offrir toutes qualités germinatives permet à l'Administration d'apprécier chaque lot avant sa livraison, et au marchand de déclarer la qualité réelle sans courir le risque de se voir éliminer lors du choix des fournisseurs ; enfin, l'on peut être sévère au moment des réceptions, puisqu'on ne demande la livraison que d'une marchandise d'une qualité existant en magasin de l'aveu même du fournisseur.

Cet état de choses entraîne toutefois certains calculs pour déterminer l'offre qui doit être choisie. Les prix doivent être ramenés à la même qualité. L'exemple suivant indique la réduction à faire.

La qualité type est au présent cas la graine de pin sylvestre donnant 70 pour 100 de semences susceptibles de germination. Cinq fournisseurs ont présenté des offres d'après lesquelles, en ne tenant compte que du prix, A, puis B, puis C, devraient être déclarés adjudicataires pour parfaire le stock de 10 000 kilogrammes nécessaire ; mais si l'on tient compte de la qualité, les prix offerts par A, B, C ne sont pas les plus avantageux.

En effet, les 3 750 kilogrammes offerts par A à 4 fr. 50 le kilogramme donnant 70 pour 100 de bonnes semences valent encore après réduction au taux type 70 pour 100, 4 fr. 50 le kilogramme ;

Les 2 000 kilogrammes offerts par B à 4 fr. 50 le kilogramme, donnant 65 pour 100 de bonnes semences valent, après réduction au taux type 70 pour 100, 4 fr. 846 ;

Les 5 000 kilogrammes offerts par C à 4 fr. 65 le kilogramme, donnant 75 pour 100 de bonnes semences valent après réduction au taux type 70 pour 100, 4 fr. 34 ;

Les 5 000 kilogrammes offerts par D à 4 fr. 80 le kilogramme, donnant 80 pour 100 de bonnes semences valent après réduction au taux type 70 pour 100, 4 fr. 115 ;

Les 4 000 kilogrammes offerts par E à 4 fr. 85 le kilogramme, donnant 75 à 80 pour 100 de bonnes semences valent, après réduction au taux type 70 pour 100, 4 fr. 323.

D'après ces nouveaux chiffres, la fourniture doit être adjugée aux sieurs D, E, puis C. En faisant son choix de cette manière, l'Administration est certaine, dans le cas où le marchand aurait exagéré la qualité, de ne pas payer plus cher qu'à son collègue, qui offrait une qualité inférieure ; elle favorise, en outre, la production de la graine de très bonne qualité toujours si recherchée.

Les offres sont acceptées sans livraison d'échantillon. Cet envoi est inutile ; l'intérêt de l'État est suffisamment sauvegardé par la clause qui permet de renvoyer la marchandise ne correspondant pas exactement au type certifié, ou tout au moins de réduire le prix proportionnellement à la qualité reconnue lors des essais contradictoires faits par les soins du directeur du domaine des Barres.

Cette réduction est admise par le commerce étranger, elle n'est qu'un usage allemand importé en France.

La qualité germinative garantie par le commerce étranger varie entre 25 et 85 pour 100, suivant les espèces de graines ; savoir : 70 à 80, rarement 85 pour 100 pour les graines de pin noir, de pin sylvestre et d'épicéa récoltées dans l'année ; 65 à 70 pour 100 pour les graines de ces mêmes essences récoltées l'année précédente ; au-dessous de 65 pour 100, les offres faites ne sont plus admises ; car, lors de la vérification, le domaine des Barres signalait toujours une qualité encore inférieure à celle garantie. Ce résultat tient à ce que, depuis l'essai fait en octobre par le marchand jusqu'au moment de celui fait aux Barres en février, une graine récoltée les années précédentes se détériore beaucoup. Les principaux propriétaires et commerçants se regarderaient comme déshonorés, s'ils offraient de la graine dont le taux germinatif fût inférieur à 70 pour 100. 25 à 45 pour 100 sont les taux extrêmes offerts pour la graine de mélèze. Cette grande infériorité de la qualité germinative tient à deux causes : le temps normal nécessaire pour la germination naturelle (un an à dix-huit mois) et la façon dont cette graine est préparée. Les cônes sont désarticulés par des machines qui brisent l'écaille et en détachent l'onglet. Cet onglet se trouve réduit ainsi aux mêmes dimensions qu'une graine, de sorte que les cribles ne peuvent pas les séparer ; de plus, la densité de cette partie de l'écaille très fortement lignifiée est presque la même que celle de la bonne graine, de sorte que ni van ni ventilateur ne peuvent les séparer.

Le nettoyage de cette graine et sa qualité germinative se ressentent de cet état de choses ; de sorte qu'en 1876 l'Administration a dû élever à 3 pour 100 le déchet de nettoyage fixé pour toutes les autres essences à 3 pour 1000. Ce déchet de nettoyage est le poids maximum admis pour les impuretés recueillies lors du vannage des graines à leur arrivée aux Barres.

D'après le relevé statistique fait sur les rapports et renseignements transmis annuellement par M. le directeur du domaine des Barres, 70 fournitures ont été faites de 1873 à 1882, savoir :

Graine de pin sylvestre..................	24
— de pin noir.....................	17
— d'épicéa................................	17
— de mélèze............................	12
Total égal............	70

Sur ce nombre, 8 fournitures ou portions de fournitures ont été refusées, savoir :

Pour le pin sylvestre : 4, dont le taux germinatif était inférieur à 52 pour 100 ;

Pour l'épicéa, 2, dont le taux germinatif était inférieur à 45 pour 100 ;

Pour le mélèze : 2, dont le taux germinatif était inférieur à 9 pour 100.

Parmi les fournitures acceptées, 13 fournitures ou portions de fournitures ont subi des réductions pour insuffisance de la qualité germinative, savoir :

Pour le pin sylvestre : 5 fournitures, dont la qualité germinative était inférieure de 1 à 15 pour 100 à celle garantie ;

Pour le pin noir, 5 fournitures, dont la qualité germinative était inférieure de 2 à 14 pour 100 à celle garantie ;

Pour l'épicéa, 1 fourniture, dont la qualité germinative était inférieure à 4 pour 100 à celle garantie ;

Pour le mélèze : 2 fournitures, dont la qualité germinative était inférieure de 4 à 9 pour 100 à celle garantie.

Toutes les autres graines avaient une qualité germinative au moins égale à celle qui était annoncée, et la plupart étaient d'une qualité supérieure de 2, 3, 4, 5, jusqu'à 15 pour 100. Ces chiffres prouvent que les marchés peuvent être soumis à la condition de garantie ; ils mettent en relief la probité des fournisseurs, parmi lesquels on doit citer en première ligne MM. Henri Keller, de Darmstadt; Stainer et Hoffmann, de Wiener-Neustadt; Jenewein, d'Innsbruch, et Conrad-Appel, de Darmstadt.

Depuis que la méthode d'adjudication ci-dessus détaillée a été adoptée, la liste des fournisseurs a été tous les ans en s'augmentant, agrandissant sans cesse le cercle d'approvisionnement. Les relations de l'Administration avec le commerce ont été, du reste, facilitées par l'intégrité de M. le directeur du domaine des Barres et des agents sous ses ordres, qui n'ont pas craint de recommencer jusqu'à trois fois leurs essais, lorsqu'il existait un doute quelconque sur une première expérience faite. L'Administration centrale a posé, de plus, en principe que toutes les fois qu'une expérience est défavorable à un fournisseur, avant de lui appliquer les restrictions du cahier des charges, un nouvel essai est fait pour contrôler le premier.

Le commerce a actuellement une grande confiance dans les décisions du domaine des Barres. Cette confiance, jointe à l'extension du cercle d'approvisionnement, lui a permis de baisser chaque année le prix des offres, comme les chiffres ci-dessous le montrent.

Prix moyen du kilogramme de graines achetées au commerce pendant les années 1873 à 1881.

	1873.	1874.	1875.	1876.	1877.	1878.	1879.	1880.	1881.
	fr.	fr.	fr.	fr.	fr.	fr.	fr.	fr.	fr.
Pin sylvestre....	6.78	6.55	6.27	5.76	5.57	3.95	3.54	3.69	4.44
Pin noir..	7.06	3.98	3.01	2.40	3.42	3.75	3.86	3.50	2.39
Epicéa..........	4.38	1.70	1.17	1.40	1.88	1.56	1.61	1.76	1.63
Mélèze..........	»	»	2.70	2.38	2.20	2.27	2.19	2.19	4.04	3.88

Le minimum des prix atteints dans le relevé des prix ci-dessus ne peut guère être dépassé, et l'on doit s'attendre à voir maintenant les offres fluctuer autour de ces chiffres suivant l'abondance de la récolte.

En général, on ne peut pas espérer que les bonnes récoltes d'une région compensent les mauvaises d'une autre. Depuis quelques années, il a été remarqué que les années de fructification abondante d'une essence résineuse déterminée, comme celles de stérilité, sont les mêmes pour tout le cercle d'approvisionnement, à l'étranger et en France. Les stocks restant en magasin de l'année précédente produisent seuls une certaine compensation.

La valeur pécuniaire des marchés passés avec le commerce étranger varie annuellement entre 75 000 et 100 000 francs. Le nombre de kilogrammes fourni varie de 20 000 à 30 000 (1).

_____

(1) Le commerce russe a fait récemment des offres de graines de pin cembro. Dans cette région, la production de la graine est considérable. Le commerce en est fait de la manière suivante : les ventes se font sans livraison immédiate à la grande foire de Nidjni-Novogorod qui a lieu au mois de juillet. Les livraisons se font ensuite au mo-

Le commerce français. — L'industrie de la préparation des graines résineuses n'existe pas en France; l'Administration des forêts possède seule, à notre connaissance, des sécheries pour faire ouvrir artificiellement les cônes. Il en résulte que ce commerce est sans importance dans notre pays, et réduit à la vente des espèces qui peuvent être préparées soit à la main, soit par la chaleur solaire.

Toutes les graines de pin sylvestre, pin noir, épicéa, mélèze, etc., achetées aux grainetiers français, proviennent d'acquisitions faites à l'étranger.

Les graines récoltées en France et mises en vente dans le commerce local sont : 1° Le pin maritime ; 2° le pin laricio de Corse ; 3° le pin pinier ; 4° le pin cembro.

Le pin maritime est acheté dans trois régions différentes qui peuvent se classer ainsi, suivant l'importance des offres et de la production : 1° Le littoral de l'océan Atlantique ; 2° le département de la Sarthe ; 3° la Corse.

Les marchands du littoral de l'Atlantique admettent difficilement le cahier des charges adopté par les étrangers. Ils comprennent mal et se méfient des méthodes employées pour les essais. Il serait très opportun de les vulgariser dans cette région. Un des meilleurs moyens pour atteindre ce but consisterait à faire exécuter des essais publics lors des concours régionaux.

Les agents forestiers de ces départements préfèrent, du reste, récolter eux-mêmes les quantités qui leur sont demandées ; l'acquisition au commerce n'est qu'une exception.

Bordeaux et le bassin d'Arcachon sont les principaux marchés de cette graine exportée en Angleterre et dans les colonies anglaises.

Depuis l'hiver 1879-1880, la région du Mans ne fait plus d'offres, par suite de la destruction presque complète du pin maritime dans ce pays. Avant cette époque, l'Administration avait déjà reconnu l'infériorité de cette graine ; elle avait pris des mesures pour s'approvisionner autant que possible sur le littoral de l'Océan dans les départements de la Gironde et des Landes.

En Corse, le principe de la vente avec garantie germinative peut être considéré comme admis ; mais les acquisitions de pin maritime ont peu d'importance ; elles ont pour but d'introduire dans les massifs du midi de la France la belle variété de pin maritime qui croît dans les forêts de Corse et, en particulier, dans celle de Corte. Le prix élevé de cette semence, comparé à celui de la graine de Bordeaux, oblige l'Admi-

ment de la récolte. Ces graines, expédiées par grande vitesse, arriveraient en France vers le commencement de novembre; leur prix *franco* à Paris était, en 1882, de 1 fr. 95 le kilogramme. Prix élevé, il est vrai, mais qui peut être accepté pour de la graine de bonne qualité.

nistration à faire sur ce point des acquisitions aussi faibles que possible et n'excédant pas 500 kilogrammes par an. Ce prix a été, ces dernières années, de trois fois supérieur à celui du Bordelais, comme le relevé ci-dessous l'indique :

	1874.	1875.	1876.	1877.	1878.	1879.	1880.	1881.
	fr.	fr.	fr.	fr.	fr.	fr.	fr.	fr.
Pin maritime de Bordeaux.	0.62	0.38	0.59	0.56	0.50	0.50	0 48	0.63
Pin maritime de Corse...	1.70	1.70	» »	» »	1.70	» »	» »	1.75

La qualité germinative de ces deux variétés de graines a été, pendant ces mêmes années, de 75 à 85 pour 100 ; elle se maintient, pendant au moins trois ou quatre ans, sans diminuer notablement.

Le pin laricio de Corse est acheté, chaque année, à des habitants de l'île. La production de cette graine est peu importante, et les détenteurs ne la cèdent qu'à un prix relativement élevé.

Les récoltes en régie sont plus avantageuses. Ainsi la graine récoltée en régie en 1881 a coûté 3 fr. 74, tandis que celle achetée au commerce était payée 5 fr. 75 en 1874, 7 fr. 28 en 1876, 7 fr. 03 en 1877, 6 fr. 28 en 1878, 4 fr. 38 en 1879, 5 fr. 52 en 1880.

La quantité demandée annuellement varie entre 250 et 450 kilogrammes ; la qualité germinative est bonne en général ; les fournitures faites en 1876, 1877 et 1878 par le sieur Santoni d'Evisa ont donné 71 à 87 pour 100 de semences susceptibles de germination ; les autres années la qualité a varié entre 65 et 75 pour 100. Le procédé de préparation employé est des plus primitifs, puisqu'il consiste à faire ouvrir les cônes en les introduisant dans les fours quelques heures après en avoir retiré le pain.

Le pin pinier est peu employé ; son habitat est restreint à deux ou trois départements du littoral méditerranéen. Les quantités de cette graine nécessaires aux travaux sont achetées soit aux paysans, soit aux épiciers, grainetiers ou fruitiers, qui la vendent comme comestible. Pour des quantités aussi petites, il est difficile d'exiger une garantie germinative contrôlée par des essais ; ce contrôle de la garantie est ici moins nécessaire que pour les autres semences, par suite de la facilité avec laquelle on peut reconnaître la fraîcheur de l'amande en brisant le péricarpe, et trier les graines vaines des autres en jetant le tout dans l'eau. Les graines d'un an sont rances et invendables en général, de sorte que les détenteurs de cette marchandise ne la conservent pas aussi longtemps.

Nous consignerons ici un renseignement qui ne retrouverait pas sa place dans les chapitres, ultérieurs où il ne sera plus parlé de cette essence.

D'après des expériences faites à Aubagne en 1880, 100 kilogrammes de cônes de pin pinier ont donné 15 kilogrammes de graines marchandes, soit environ de 5 à 7 kilogrammes par hectolitre.

Le commerce de la graine de pin cembro se fait dans des conditions à peu près semblables dans les Hautes ou les Basses-Alpes, où l'amande de ce fruit est mangée par les habitants. L'habitat de cette essence est bien différent de celui de la précédente ; de sorte qu'à l'irrégularité de la fructification se joint souvent l'impossibilité de réaliser la récolte, par suite de l'arrivée trop prompte des neiges. Aussi l'incertitude de voir le commerce tenir ses engagements force le service forestier à faire, de son côté, toutes les tentatives possibles de récolte ; nous en parlerons ultérieurement.

D'après les lignes précédentes, il est facile de se convaincre que le commerce des graines résineuses n'a d'importance en France que pour le pin maritime. Cet état de choses peut durer longtemps encore ; mais il peut se modifier d'un moment à l'autre dans quelques départements où l'Administration a établi des sécheries à étuves, et où l'industrie de la récolte s'est développée ces dernières années. Les excédents de récolte refusés par les préposés sécheurs seront petit à petit préparés par les paysans, entre les mains desquels ils resteront.

Dans le Haute-Loire, l'industrie pourrait prendre une certaine extension ; mais les paysans pauvres de la région feraient difficilement les avances nécessaires pour les frais de cueillette et de transport. Les personnes qui leur faciliteraient ces préparations et le débit de leur marchandise rendraient un service aux propriétaires forestiers français en les affranchissant de l'étranger.

III. PRÉPARATION A LA MAIN OU PAR LA CHALEUR SOLAIRE.

Les préparations de ce genre faites en régie par l'Administration des forêts fournissent les semences suivantes :

Les préparations à la main sont employées pour la récolte des graines de sapin, de pin cembro et de cèdre.

Les préparations par la chaleur solaire fournissent les graines de pin d'Alep, de pin maritime, de pin laricio de Saint-Guilhem et une partie de l'approvisionnement en pin laricio de Corse, pin sylvestre et pin à crochets.

PRÉPARATION A LA MAIN. — *Sapin.*— Les graines de sapin s'obtiennent sans autre préparation que l'étendage des cônes en couche mince sur des aires bien aérées. Les cônes y sont remués de temps en temps pour empêcher l'échauffement et faciliter la dessiccation. Après quelques jours de ce travail, les écailles se détachent naturellement de l'axe, et la récolte n'est plus qu'un amas d'écailles, de graines et d'axes de cônes. S'il existe encore quelques fruits entiers, ils subissent à la main une légère torsion qui les désarticule. Si les cônes restaient entiers, on serait sûr que la récolte a été prématurée et que la graine sera mauvaise ; il ne faudrait pas diminuer encore sa qualité en forçant la désarticulatio n par des battements au fléau.

Le mélange obtenu par la manipulation ci-dessus est nettoyé au moyen de cribles, seulement au moment de l'envoi, car il a été reconnu que la graine mélangée avec des écailles se conserve mieux; il faut avoir soin de l'étendre en couches minces dans des greniers secs et aérés et de remuer le mélange de temps en temps.

L'Administration prépare ainsi des quantités relativement faibles pour les approvisionnements généraux du service domanial; la simplicité de cette manipulation permet, en général, aux agents de récolter dans chaque forêt les quantités qui leur sont nécessaires. L'approvisionnement centralisé annuellement ne s'élève guère au-dessus de 1 000 à 3 000 kilogrammes; il est demandé tantôt aux Vosges, tantôt au département de l'Aude.

Dans les Vosges, la préparation est faite par les paysans ou les gardes forestiers, qui apportent à un magasin domanial déterminé les graines nettoyées et prêtes à être employées; le prix de revient s'est élevé à 63 centimes par kilogramme de graine ailée en 1880; ce chiffre est inférieur au prix du commerce, mais il est supérieur à celui des récoltes faites dans l'Aude, qui a été de 58 centimes en 1877 et de 30 centimes en 1879.

Dans ce dernier département, les cônes sont récoltés directement par l'Administration, emmagasinés dans les greniers et manipulés par ses soins. A l'infériorite du prix de revient, il faut ajouter un second motif qui fait préférer, en général, les récoltes de l'Aude: la plus grande partie des graines demandées est employée dans les départements voisins de cette région, de sorte que l'on obtient de cette façon une essence mieux appropriée au sol et une économie notable sur les frais de transport.

L'hectolitre de cônes récoltés a donné, en 1880, 7 kilogrammes de graines désailées. Le poids du litre varie beaucoup, du moment où la graine sort du cône jusqu'au moment de l'emploi; des expériences faites ont démontré que 1 litre pesant 532 grammes au sortir du cône pesait, deux mois après, 340 grammes. Cette perte, en si peu de temps, de quatre dixièmes de son poids, tant en eau qu'en huiles essentielles, explique le peu de durée et la faiblesse de la qualité germinative de cette essence.

Les expériences faites sur les échantillons de ces récoltes adressées aux Barres ont révélé un taux germinatif de 19 à 26 pour 100. Ces chiffres ne nous paraissent pas représenter sa qualité réelle. Les essais ont été faits généralement sur flanelle. Ils sont très difficiles à exécuter ainsi : beaucoup de graines moisissent avant le développement de la plantule. Ils devraient toujours être faits en terre pour des graines de l'espèce absorbant l'humidité aussi facilement qu'elles l'abandonnent ; car, bien que le sol n'ait pas d'action chimique ou physique sur la germination proprement dite, il exerce une action compensatrice en distribuant à la graine, successivement et au fur et à mesure des besoins, les éléments nécessaires à la croissance de la plantule.

La deuxième année après la récolte, le taux germinatif est tellement faible que l'ensemencement de la graine de sapin de cet âge peut être considéré comme inutile.

Pin cembro. — Le pin cembro est récolté principalement dans les Basses-Alpes. Sa récolte est toujours incertaine, comme il a été déjà expliqué au sujet des acquisitions faites dans le commerce. Les paysans qui sont payés à la journée ou au kilogramme, cueillent les cônes et les égrènent soit à la main, soit en les battant avec des bâtons. La dureté du péricarpe rend cette dernière opération possible. Le triage de la graine, des écailles et des axes de cône se fait ensuite en mettant le tout dans un panier immergé dans l'eau ; par des secousses successives, on fait remonter les axes et les graines vides au-dessus des bonnes semences qui restent dans le fond ; puis, en immergeant plus profondément, les déchets se séparent complètement et sortent du panier. La graine est ensuite séchée et mise en magasin.

Dès la fin de septembre, ou les premiers jours d'octobre, la graine est suffisamment formée pour être cueillie ; il faut hâter la récolte, dans la crainte des premières neiges qui peuvent rendre la forêt inaccessible, soit définitivement pour tout l'hiver, soit momentanément. Les écureuils, les oiseaux geais et casse-noix sont très friands de cette graine ; au moment des premières neiges, ils se précipitent en masse sur cette nourriture, et n'émigrent qu'après avoir vidé tous les cônes ; de sorte que souvent, si l'on veut continuer la cueillette à la fin d'octobre ou au commencement de novembre, la récolte ne peut se faire dans de bonnes conditions. L'ouvrier ne trouve que quelques cônes pleins ; les autres gisent sur le sol, réduits à leur axe garni de la moitié des écailles et du péricarpe, formant un tout assez curieux et qu'au premier abord on pourrait prendre pour une morille sèche.

La graine de cette essence est de plus en plus demandée par le service du reboisement pour les zones supérieures des périmètres ; mais l'Administration n'obtient que bien rarement l'approvisionnement qui lui est nécessaire.

Les récoltes semblent cependant portées à leur maximum dans les Basses-Alpes, et elles ne pourraient se développer quelque peu que dans les Hautes-Alpes et l'Isère.

Les récoltes faites depuis 1873 ont procuré 35 889 kilogrammes, savoir :

	Kilogrammes.
1873	17 264
1874	1 000
1877	7 850
1878	1 546
1879	2 975
1880	1 975
1881	3 295

Pour satisfaire à toutes les demandes, il eût fallu recueillir plus de 80 000 kilogrammes ; les agents doivent donc faire tous leurs efforts pour utiliser avec la plus stricte économie les quantités de semence qu'ils reçoivent.

Le prix de revient du kilogramme désailé a été, en 1873, de 45 centimes ; depuis, il a varié entre 64 et 78 centimes, suivant l'abondance de la fructification.

Lorsque l'Administration paye les ouvriers à la tâche, ils reçoivent, pour l'année de fructification moyenne, 55 à 58 centimes par kilogramme, y compris la redevance de 10 centimes payée au propriétaire de l'arbre sur lequel les cônes ont été cueillis; les frais de transport et d'emmagasinage viennent augmenter ce prix. Comme la graine de sapin, celle de pin cembro perd une notable quantité de son eau de végétation, depuis le moment de la récolte jusqu'à celui de l'emploi. Ainsi, dans un des magasins de l'Administration :

En 1876,	8 571 kilogrammes récoltés n'ont donné pour l'emploi que		7 850 kilog.
1877,	942	—	900
1878,	3 229	—	2 975
1879,	1 972	—	1 959
1880,	4 182	—	3 295
Total...	18 896 kilogrammes.		16 979

La perte moyenne est donc de 1 917 kilogrammes ou environ un dixième du premier poids.

La qualité germinative révélée par les essais des Barres a varié, pendant cette période, de 4 à 19 pour 100; mais ce taux ne représente pas la valeur exacte de cette qualité. Le motif de l'inexactitude du résultat n'est pas ici le même que pour le sapin. Dans un semis de pin cembro, exécuté en pépinière, la plantule ne se développe qu'après dix-huit mois de mise en terre ; pour obtenir une croissance moins lente, il est nécessaire d'immerger la graine pendant une ou deux semaines et de provoquer la germination par des manipulations spéciales. Les expériences faites sur flanelle pendant une période fixée à vingt ou trente jours ne peuvent pas produire un effet physiologique suffisant pour développer la plantule. Si l'on réfléchit que l'immersion faite lors de la manipulation sépare toute graine vaine, il est clair que le résidu est entièrement composé de semences lourdes, normalement constituées et, par suite, susceptibles de germination ; les chiffres énoncés doivent donc être inexacts. Dans la pratique, pour savoir si la semence est bonne, il suffit de reconnaître, si l'amande n'a pas ranci, ce qui est facile en la goûtant. Ce mode d'essai paraît le meilleur pour cette graine.

La facilité avec laquelle cette amande rancit rend très difficile sa conservation. Le meilleur moyen à employer est la mise en silo ; on peut ainsi l'utiliser au bout d'un an. Mais les plus grandes précautions doivent être prises pour la mettre à l'abri des rongeurs si friands de cette nourriture.

L'hectolitre de cônes de pin cembro donne environ 12^k,900 de graines nettoyées.

Le poids du litre a été, en 1879, de 645 grammes au moment de la récolte ; il était réduit à environ 550 grammes au moment de l'emploi.

Cèdre. — La semence de cèdre récolté dans l'Atlas par les soins du service forestier algérien est expédiée dans les cônes en France ; l'approvisionnement est centralisé aux Barres.

Au moment de l'expédition, les cônes sont jetés dans l'eau, où, après vingt-quatre ou trente-six heures d'immersion, on les désarticule facilement à la main en les tordant ; la graine est ensuite séchée et expédiée.

Cent kilogrammes de cônes donnent 14 à 15 kilogrammes de graines nettoyées, soit environ 7 à 8 kilogrammes par hectolitre. L'approvisionnement utilisé annuellement dépasse rarement 500 kilogrammes de cônes.

PRÉPARATION PAR LA CHALEUR SOLAIRE. — Pour toutes ces préparations, nous pourrions nous contenter de décrire la méthode généralement employée, mais, pour bien montrer les efforts tentés et servir de guide aux essais ultérieurs, il a paru nécessaire d'examiner successivement chaque centre de récolte et de donner quelques renseignements sur le détail de la manipulation faite. Nous diviserons cette étude par essence, et chaque essence formera un article divisé lui-même en deux ou trois parties, suivant le nombre des centres producteurs.

Pin d'Alep. — Le pin d'Alep est préparé sur deux points différents, à Aubagne (Bouches-du-Rhône), où il existe une petite sécherie solaire, et dans la forêt du Luberon (Vaucluse).

La sécherie d'Aubagne a été établie en 1843 par le département des Bouches-du-Rhône, à la demande des agents forestiers et à l'aide de subventions successives accordées par le ministère de l'agriculture. En 1848, l'Etat supprima ses subventions, et le comice agricole d'Aubagne fut chargé de la gestion ; puis, peu de temps après, le Conseil général la retira à ce comice pour la confier à un employé des ponts et chaussées. En 1855, l'administration départementale demanda que l'agent fo-

restier en résidence à Aubagne reprît la surveillance de l'établissement : mais la direction générale s'y opposa en s'appuyant sur l'article 4 du Code forestier. Lors de la promulgation de la loi sur le reboisement du 28 juillet 1860, l'Administration des forêts eut besoin de graines de pin d'Alep, elle reprit définitivement l'établissement qu'elle gère depuis pour l'État et le département. Les produits sont répartis annuellement proportionnellement aux dépenses faites par chacun d'eux.

Avant 1860, la sécherie se composait simplement d'un hangar et d'une aire louée à un propriétaire d'Aubagne. Depuis, elle a été quelque peu augmentée. Elle comprend actuellement une aire large de 14 mètres sur 23 mètres de long et un bâtiment divisé en trois pièces ; la première sert à remiser le matériel et renferme huit cuves en maçonnerie destinées à recevoir les provisions de graines ; ces cuves ont chacune une capacité de 1 mètre cube et sont recouvertes de grillages en fil de fer qui empêchent les rats d'y pénétrer, tout en permettant la circulation de l'air. La deuxième et la troisième chambre sont remplies par les cônes, vides ou pleins.

Le séchoir est une aire faite avec des carreaux de poterie vernie, il est entouré d'une clôture en fil de fer.

Les cônes de pin d'Alep sont récoltés par les paysans dans les bois communaux ou particuliers vers la fin d'avril ou le courant de mai ; ils sont ensuite apportés à la sécherie, vérifiés, pesés et payés suivant l'abondance de la récolte et la distance des bois producteurs à la sécherie.

Le prix moyen varie entre 6 francs et 6 fr. 50 par 100 kilogrammes.

Anciennement, à l'époque des fortes chaleurs, en juillet et en août, les cônes étaient étendus sur le séchoir, où ils séjournaient deux à trois jours au plus.

Mais, depuis ces dernières années, ils sont placés sur des claies métalliques à maille de 15 millimètres ; lorsqu'on agite ces claies, les graines sortent des cônes et tombent sur des draps étendus à terre. On évite ainsi le mélange avec les corps étrangers toujours abondants sur les aires à l'air libre.

Les graines obtenues sont mises en sac, puis secouées et battues pour le désailement ; quelquefois ce désailement est obtenu par une immersion de quatre à cinq minutes dans l'eau. Elles sont ensuite vannées et criblées dans des tamis à maille de 25 millimètres et demi, séchées, s'il y a lieu, puis déposées dans les cuves, où on les remue fréquemment pour prévenir la fermentation.

La production de cet établissement a été de 14 880 kilogrammes de 1873 à 1881, savoir :

	Kilogrammes.
1873.	1 550
1874.	1 480
1875.	1 400
A reporter.	4 430

	Kilogrammes.
Report...........	4 430
1876...............................	1 407
1877...............................	1 432
1878...............................	1 824
1879...............................	1 628
1880...............................	2 267
1881...............................	1 892
Total égal........	14 880

Le prix de revient a varié, suivant les années, entre 2 fr. 17 et 2 fr. 99. Pour obtenir le prix moyen, il suffit de diviser la dépense faite pendant la période 1873-1881 par la production totale. La dépense totale étant de 35 439 fr. 13, le prix moyen est de 2 fr. 381.

La somme de 35 439 fr. 13 peut se diviser ainsi :

Achat et manipulation des cônes et graines........	31 210 fr. 20
Location et réparations de l'immeuble...........	4 384 93
Salaire du préposé surveillant....................	2 700 00
	38 295 fr. 13
A déduire, prix de vente des cônes vides.........	2 856 00
	35 439 fr. 13

Ce détail nous permet de fixer ainsi la répartition de chaque nature de dépense dans le prix de revient :

Dépense pour achat de cônes et manipulation.........	1 fr. 91
Location des bâtiments............................	0 29
Salaire du préposé.	0 18
	2fr .38

La qualité germinative a varié ces dernières années entre 61 et 83 pour 100 ; exceptionnellement, en 1880, elle est tombée à 27 pour 100 ; les agents ont attribué la faiblesse de ce taux à la rigueur de l'hiver, pendant toute la durée duquel la maturité du cône s'acheva.

Voici, en outre, quelques renseignements statistiques recueillis en 1878 : 1k,349 de graines ailées donne 1 kilogramme de graines désailées ; 1 hectolitre de cônes pleins pèse 48 kilogrammes ; il donne 2k,266 de graines ailées et 1k,680 de graines désailées. Le litre de graines ailées pèse 205 grammes et de graines désailées 492 à 523 grammes.

A la Font de l'Orme, dans la forêt domaniale de Lubéron, la préparation n'est pas faite par l'Administration ; l'agent forestier local achète au prix invariable de 2 fr. 50 le kilogramme les graines désailées, récoltées et préparées par les paysans et les gardes forestiers des environs. Ces graines sont ensuite vérifiées et emmagasinées dans le grenier de la maison forestière jusqu'au jour de l'expédition. Les acquisitions faites de 1873 à 1881 ont produit 5 116 kilogrammes, savoir :

	Kilogrammes.
1873.	650
1876.	1 092
1877.	950
1878.	175
1879.	600
1880.	1 200
1881	449
Total égal	5 116

La qualité germinative a varié entre 76 et 85 pour 100 de 1873 à 1880. En 1881, elle n'a été que de 60 pour 100.

Au prix de 2 fr. 50 énoncé ci-dessus, il faudrait ajouter la valeur locative du magasin et le salaire du surveillant ; on ne l'a pas fait jusqu'à ce jour, parce que l'emmagasinement se fait dans un grenier inoccupé précédemment et par les soins des préposés locaux, dont le salaire n'a pas été augmenté pour cet objet.

Malgré cela, le prix est supérieur au prix moyen d'Aubagne. Doit-on en conclure que les récoltes doivent cesser sur ce point ? Non, car les quantités de graines demandées à ce magasin ne sont que les appoints destinés à parfaire l'approvisionnement. Mais les agents locaux pourront très certainement, dès maintenant, faire une réduction sur le prix invariable de 2 fr. 50, lors des bonnes années de fructification.

Ces deux centres de production ont, jusqu'à ce jour, fourni annuellement toutes les quantités de graines demandées ; leurs rayons d'approvisionnement sont suffisants pour produire toutes les quantités nécessaires aux ensemencements exécutés dans la zone française continentale, où la culture du pin d'Alep est possible.

Pin maritime. — L'approvisionnement de graines de pin maritime est réalisé de deux façons différentes :

1° Par des prélèvements soit gratuits, soit à prix fixe, sur les récoltes faites par les concessionnaires de la cueillette ;

2° Par des récoltes en régie.

Le premier procédé est employé dans le département des Landes et de la Gironde. Le second, dans la Charente-Inférieure et la Vendée.

Dans les deux premiers départements, une décision de M. le conservateur à Bordeaux réglemente ainsi les concessions de l'espèce.

ARTICLE 1er. Les cônes de pin maritime sont récoltés soit à la main, soit au moyen de serpes ou crochets à long manche.

Le concessionnaire devra, dans l'un ou l'autre cas, prendre toutes les précautions nécessaires pour éviter de rompre ou couper les branches.

ART. 2. Les cônes pourront être déposés dans les vides désignés par le garde du triage pour y séjourner jusqu'à ce que leurs écailles, s'entr'ouvrant sous l'action du soleil, laissent échapper la graine.

ART. 3. La récolte commencera aux époques fixées par les agents, elle ne pourra avoir lieu que les jours de la semaine indiqués sur le permis.

ART. 4. En retour de la concession, le vingtième de la récolte sera remis gratuitement à l'Administration et déposé au domicile du garde du triage ou dans tout autre lieu désigné par lui.

ART. 5. Le surplus sera ensuite livré soit à l'Administration des forêts, soit aux entrepreneurs de semis dans les dunes.

Le prix de cette graine désailée est fixé à 50 centimes par kilogramme rendu à la gare la plus proche.

Les graines dont les entrepreneurs feront la demande, leur seront livrées à prix débattu, sans que ce prix puisse excéder celui fixé ci-dessus.

ART. 6. Si l'Administration ou les entrepreneurs n'ont pas déclaré avant le 1er septembre avoir besoin desdites graines, les permissionnaires seront immédiatement autorisés à les enlever et à en disposer comme bon leur semblera.

ART. 7. Toute contravention aux dispositions qui précèdent entraînera à l'égard des contrevenants le retrait de l'autorisation sans préjudice des poursuites judiciaires.

Le vingtième prévu par l'article 4 est presque toujours absorbé par les semis exécutés dans la forêt où la récolte se fait, ou bien dans les dunes voisines. L'Administration n'en profite pas pour les approvisionnements généraux qui sont réalisés par l'application de l'article 5. Le stock ainsi disponible est souvent bien supérieur aux besoins du service, il s'est élevé une de ces dernières années à plus de 27 000 kilogrammes.

Le procédé d'extraction employé par les concessionnaires est très simple :

Les cônes cueillis d'octobre à mars sont entassés dans une clairière et abrités d'une façon quelconque jusqu'aux mois de juin, juillet et parfois même août et septembre. A cette époque, ils sont placés au soleil la pointe en l'air, et autant que possible dans un endroit où le sable blanc est à nu.

Dès qu'ils sont ouverts, ils sont ramassés, et les graines restées dans l'aisselle de l'écaille sont versées dans un sac ; parfois les cônes sont mis dans des paniers ou claies pour être secoués jusqu'à ce que les graines soient entièrement sorties.

Le désailement s'obtient en foulant la graine aux pieds dans des baquets, puis en la vannant à l'air libre.

Les approvisionnements réalisés pour les besoins généraux du service n'ont été calculés que depuis 1879 ; ils s'élèvent à **18 041** kilogrammes depuis cette époque, savoir :

	Kilogrammes.
1879	7 331
1880	7 179
1881	3 531
Total égal	18 041

Si l'on tient compte des vingtièmes reçus gratuitement, le prix de revient a varié entre 45 et 28 centimes.

La qualité germinative de cette graine était de 75 à 80 pour 100.

D'après les expériences faites :

1 kilogramme de graines ailées donne de 666 à 730 grammes de graines désailées;

1 hectolitre de cônes pleins contient de 2^k,500 à 2^k,800 de graines désailées ;

Le litre de graines pèse 400 grammes ailées et 580 à 600 grammes désailées.

Dans la Charente-Inférieure et la Vendée, la récolte se fait en régie ; les cônes récoltés sont emmagasinés dans des cabanes auprès desquelles des aires en maçonnerie ou en argile sont établies. Les cônes récoltés en hiver sont étendus en été sur ces aires et secoués jusqu'à extraction complète des graines. Le désailement est obtenu par une immersion dans l'eau, ou un pilonnage exécuté par des femmes ou des enfants. Les aires principales sont celles de la Coubre, d'Olonne et de Longeville. La plus grande est celle d'Olonne ; elle a 22 ares de surface et a coûté 2 060 francs.

La quantité de graines récoltées de 1879 à 1881 est de 29 247 kilogrammes, savoir :

	Kilogrammes.
1879	4 952
1880	9 116
1881	15 179
Total égal	29 247

Le prix a varié entre 24 et 57 centimes suivant les années et le lieu de production ; il est en moyenne de 35 centimes. Les relevés existants ne permettent pas de faire la répartition de ce prix en diverses natures de dépenses et la période étudiée est trop courte pour donner des moyennes satisfaisantes.

La réduction du prix de revient dans certaines contrées tient à la vente des cônes vides, achetés à des prix très rémunérateurs par les populations riveraines. Ainsi, un lot de 6 495 hectolitres de cônes pleins acheté 5 019 francs, pendant cette période, a été revendu, après extraction de la graine, 2 590 fr. 15, réduisant de moitié le coût du kilogramme. Le prix de vente des cônes vides est un élément dont on doit tenir le plus grand compte, lorsqu'il s'agit de choisir un centre d'approvisionnement pour les graines de cette essence.

Le rendement par hectolitre va en s'amoindrissant au fur et à mesure qu'on s'élève vers le nord ; ainsi, au sud de la Gironde, il est, comme nous l'avons déjà dit, de 2^k,400 à 2^k,800 de graines désailées ; à la Coubre, il varie entre 2^k,125 et 2^k,385 de graines ailées ; dans l'île d'Oléron, il descend à 1^k,780.

La qualité germinative a varié entre 75 et 96 pour 100 pendant ces trois années, restant égale en moyenne à celle des graines de Gascogne.

Nous devons signaler en passant une récolte de peu d'importance faite en Corse. Cette cueillette a été aussi onéreuse qu'une acquisition au commerce; mais elle a été faite avec grand soin, la graine donnait 85 pour 100 de bonne semence, et sa densité est la plus forte de toutes celles que le domaine des Barres a relevées pour les graines résineuses, elle pesait 750 grammes par litre.

En résumé, les récoltes de semence de pin maritime sont plus avantageuses que les achats au commerce, et elles sont largement suffisantes pour satisfaire à toutes les demandes du service des repeuplements, des reboisements et des dunes qui absorbent annuellement de 15 000 à 20 000 kilogrammes de cette graine.

Pin laricio de Saint-Guilhem. — La semence de pin laricio de Saint-Guilhem ou des Cévennes est récoltée en petite quantité par suite de sa rareté en France. Le massif principal est situé dans la forêt de Saint-Guilhem.

La rusticité du plant de cette essence a décidé le service forestier à faire quelques récoltes, à titre d'expériences.

La cueillette des cônes se fait en novembre et décembre dans les départements de l'Ardèche et du Gard; l'extraction de la graine s'opère, l'été suivant, par l'exposition des cônes à la chaleur solaire.

Les récoltes faites de 1877 à 1881 ont produit 319 kilogrammes de semences, savoir :

	Kilogrammes.
1877	72
1878	78
1880	70
1881	99
Total	319

Le prix de revient a varié entre 3 fr. 20 et 4 fr. 51 ; la première année, il s'était élevé à 8 fr. 08 ; cette différence tenait surtout au prix beaucoup trop élevé (10 fr. 30) payé pour la récolte de 1 hectolitre de cônes pleins.

La qualité germinative a été généralement très bonne; elle a oscillé entre 70 et 88 pour 100.

Le rendement par hectolitre a varié entre $1^k,419$ et $2^k,062$ de graines ailées.

Cette graine peu connue du service est aussi peu demandée. Les agents de la région la plus voisine de son habitat l'utilisent; mais les autres lui préfèrent le pin noir ou le pin laricio de Corse dont elle n'est peut-être qu'une variété acclimatée depuis longtemps.

Pin laricio de Corse. — Les agents forestiers de Corse préfèrent acheter au commerce les approvisionnements qui leur sont demandés. La difficulté de la surveillance est la cause principale de cette préférence. On pourrait peut-être ajouter que les fournisseurs ordinaires sont, la plupart du temps, d'anciens préposés pour lesquels ces fournitures sont une source d'aisance.

Depuis 1873, une seule récolte a été faite. Le prix, comme nous l'avons déjà dit, était avantageux et la qualité bonne ; mais les renseignements que nous avons, sont insuffisants pour nous permettre d'entrer à ce sujet dans les détails donnés pour les autres récoltes.

Pin sylvestre. — Le pin sylvestre est l'arbre résineux dont l'habitat est le plus grand en France ; il est aussi l'essence la plus employée dans les travaux de repeuplement. Sa graine est très chère dans le commerce, et les fournitures faites sont souvent de mauvaise qualité, lorsque l'Administration ne s'entoure pas de toutes les garanties possibles. Il est même arrivé parfois de ne pas pouvoir compléter l'approvisionnement nécessaire aux besoins du service. Il était donc rationnel de chercher à se procurer cette semence par tous les moyens possibles. Les sécheries, dont l'historique sera fait, ne pouvaient donner tout l'approvisionnement nécessaire : l'Administration tenta des préparations par la chaleur solaire dans tous les pays où les agents locaux espérèrent obtenir un résultat avantageux.

Les centres choisis jusqu'à ce jour sont au nombre de quatre ; ce sont : la Lozère, le Puy-de-Dôme, les Hautes-Alpes, les Basses-Alpes.

Dans les deux derniers départements, la récolte se fait simultanément avec celle de la graine du pin à crochets.

A Mende (Lozère), les récoltes commencées en 1873 ont pris une importance suffisante pour justifier l'acquisition d'un terrain et l'établissement de magasins.

Les récoltes faites se sont élevées à 15 053 hectolitres, savoir :

	Hectolitres.
1873	1 736
1874	11
1875	644
1876	6 029
1877	Néant (1)
1878	211
1879	3 131
1880	3 291
Total égal	15 053

Les manipulations faites pendant les étés qui ont suivi, ont produit

(1) Par suite de l'encombrement des magasins.

13 765 kilogrammes, dont 8 443 kilogrammes de graines, ailées et 5 322 kilogrammes désailées, savoir :

	Kilogrammes.	
1874	694	de graines ailées.
1875	1 421 (1)	»
1876	653	»
1877	1 170	»
1878	4 505	»
1879	249	de gr. désailées (2).
1880	2 280	»
1881	2 793	»
Total égal	13 765	

Dans cette région, les cônes sont achetés dans les centres forestiers, à un prix variable, suivant l'abondance de la fructification ; puis ils sont transportés à Mende aux frais de l'État. Ce transport augmente de beaucoup le prix de l'hectolitre ; il ne peut se faire qu'en voiture. Pour certains cantons, il était tellement onéreux, qu'il doublait le prix d'achat. Par suite de ce fait, le service local a dû renoncer à s'y approvisionner, bien que des quantités de cônes offertes fussent assez considérables. Le stock de Mende a été ainsi réduit ; mais en fait, l'Administration n'a rien perdu : la sécherie de Murat a profité de l'élan donné par le service de la Lozère, en étendant de ce côté son rayon d'approvisionnement.

Les cônes emmagasinés à Mende dans des greniers loués sont exposés, l'été suivant, pendant trois à huit jours aux rayons solaires sur des aires en toile ou en planche disposées à cet effet.

Le climat de Mende est malheureusement peu favorable à ce travail ; les journées chaudes y sont quelquefois rares pendant l'été, ce qui entrave la production régulière. En 1878, 4 858 hectolitres restaient en magasin à la fin de l'été, et l'extraction de la graine a dû être remise à l'année suivante.

La dépense faite pendant les cinq années 1876-1881 s'est élevée à 63 112 fr. 83, et se répartit ainsi :

Acquisition de 12 662 hectolitres de cônes pleins	42 538 fr. 25	
— de 86 kilogrammes de graines préparées	357	25
Frais de manipulation et d'emmagasinage	9 622	78
Location de magasins et installation provisoire	10 594	55
Total égal	63 112 fr. 83	
A déduire le prix de vente de 20 495 hectolitres de cônes vides	5 123	75
Reste	57 989 fr. 08	

La production de cette même période a été de 12 285 kilogrammes de graines ailées, donnant, après désailement, 9 607 kilogrammes.

(1) Y compris 203 kilogrammes achetés tout préparés.
(2) Y compris 86 kilogrammes achetés aux paysans qui les avaient préparés.

Le prix de revient a varié, pendant ce temps, entre 4 fr. 55 et 11 fr. 20 le kilogramme ; il a été, en moyenne, de 4 fr. 72 pour la graine ailée et de 6 francs pour la graine désailée. Ce prix se décompose ainsi pour cette dernière qualité :

Acquisition de cônes..	4 fr. 49
Frais de manipulation.....................................	0 94
Location, installation et autres frais......................	1 10
	6 fr. 53
A déduire pour vente de cônes vides...................	0 53
Reste.............	6 fr. 00

Toutes ces dépenses sont très élevées, quelle que soit leur catégorie ; la main-d'œuvre est notablement plus chère que dans les sécheries.

Le rendement par hectolitre a été de 1ᵏ,030 de graines ailées, et le kilogramme de cette graine a produit 782 grammes après désailement ; le poids du litre a oscillé entre 420 et 476 grammes.

La qualité germinative a varié entre 20 et 88 pour 100 au moment de la manipulation ; mais elle était toujours inférieure à 55 pour 100 au moment de l'emploi.

Cette infériorité tient essentiellement au mode de préparation. Il a pour la graine de pin sylvestre des inconvénients nombreux et d'autant plus grands que l'on opère sur des quantités plus considérables.

La conservation des cônes, depuis le mois de novembre jusqu'à l'époque de l'étendage, exige la location onéreuse de très grands magasins. Malgré leur étendue, on est forcé, les années de grande récolte, d'entasser les cônes sur une trop grande épaisseur ; le stock ainsi emmagasiné s'échauffe légèrement ; sa masse est telle que sa manipulation hebdomadaire devient trop onéreuse, pour que les régisseurs de magasins ne soient pas effrayés par la dépense à faire. La graine participe à cet échauffement du cône ; elle est donc déjà avariée au moment de l'étendage.

Si la saison est bonne, l'extraction se fait sans pluie, et la graine n'est pas endommagée ; mais, à Mende, ce cas est rare ; les étés non pluvieux ne sont pas fréquents ; les aires à l'air libre sont toujours humides ; les cônes et graines sont souvent mouillés par les pluies ; car la manipulation serait trop onéreuse, s'il fallait rentrer les cônes à chaque averse. Il y a là une nouvelle cause de détérioration tenant à des commencements de germination sur l'aire.

Mais supposons encore que le cône ne s'est pas échauffé en magasin, que la graine a été préparée sans pluie ; une cause d'infériorité existe encore : la semence préparée en été ne peut être utilisée qu'au printemps suivant. Pendant ce temps, la qualité germinative diminue d'une quantité qui ne peut être évaluée à moins de 25 pour 100 en moyenne.

Les préparations solaires de la graine du pin sylvestre sont donc condamnées à Mende par ces trois causes :

1° Échauffement des grandes agglomérations de cônes ;

2° Humidité des aires à l'air libre ;

3° Diminution de la qualité germinative par suite du retard dans l'emploi.

Faut-il en conclure que toute récolte doive être suspendue à Mende, ou que l'on doive y construire une étuve ? Non, à notre avis ; la récolte est insuffisante pour justifier la construction d'une étuve ; mais le chemin de fer de Mende à Neussargues par Marvejols permettra bientôt de transporter à Murat la récolte de ces régions, et l'on doit, d'ici à cette époque, conserver l'industrie de la cueillette des cônes qui s'y est si facilement développée.

Dans le Puy-de-Dôme, la récolte est faite par les gardes communaux ; chacun d'eux emmagasine les récoltes de cônes faites dans les environs de sa demeure, soit dans son grenier, soit dans de petits locaux loués à cet effet. En été, chacun d'eux, aidé de quelques ouvriers, extrait la graine en exposant les cônes au soleil. Cette préparation est

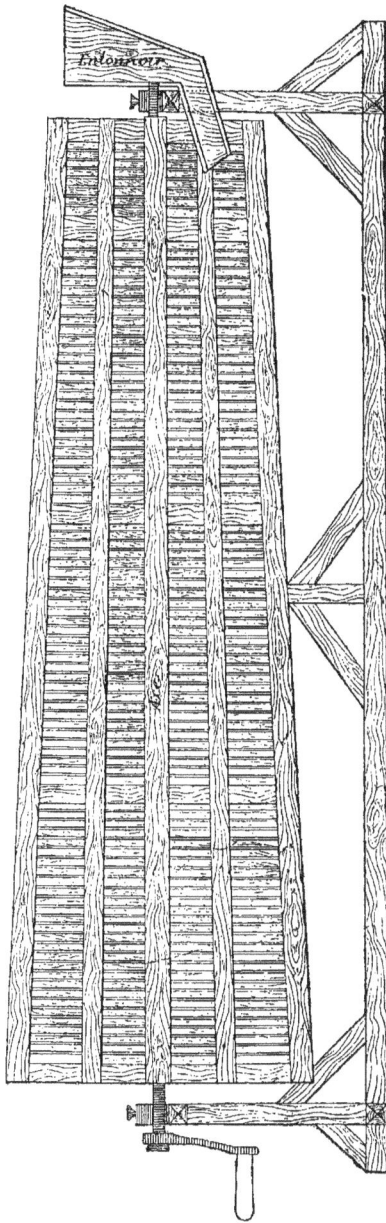

Fig. 1. — Crible tournant pour séparer les graines des cônes. Coupe longitudinale.

très économique par la raison que les cônes sont livrés en forêt, pour ainsi dire, et sans frais de transport; en outre, le travail d'extraction exécuté sur des petites quantités nécessite seulement l'emploi de quelques heures d'ouvrier le matin et le soir; même, le plus souvent, il est exécuté par le préposé et sa famille. Si l'Administration voulait étendre ces récoltes, les rayons d'approvisionnement et les frais de main-d'œuvre s'augmenteraient, et avec eux le prix de revient.

Il est nécessaire d'entrer ici dans quelques détails sur le mode employé pour la séparation de la graine. Elle s'opère avec des instruments rustiques construits de façon à conserver le cône et à laisser échapper la graine. Le meilleur serait, de l'avis des ouvriers, composé ainsi qu'il suit :

Un tube en forme de tronc de pyramide hexagonale (fig. 1) est construit avec six perches grossièrement équarries et solidement réunies à leurs extrémités, de manière à laisser deux ouvertures inégales à chaque bout. Sur ces perches, des lattes distantes d'environ 1 centimètre sont clouées perpendiculairement; le tout est monté sur un axe central et horizontal terminé par deux tourillons. Les cônes épanouis sont introduits dans le tube par la plus petite ouverture; celui-ci est mis en mouvement au moyen d'une manivelle; les cônes enlevés par le côté du tube sur lequel ils reposent, retombent les uns sur les autres. La graine libre passe au travers des interstices des lattes au fur et à mesure qu'elle est mise en liberté par les secousses produites au passage de chaque perche. La forme légèrement inclinée du fond sur lequel les cônes retombent, les oblige à avancer petit à petit vers la plus grande ouverture, par laquelle ils s'échappent; ils sont remplacés par d'autres provenant d'un récipient placé en avant de la plus petite ouverture. L'inconvénient principal de cet instrument est d'être encombrant et lourd à manœuvrer, lorsqu'il n'est pas construit avec le plus grand soin.

La graine obtenue est désailée par la méthode humide et nettoyée au moyen du tarare à seigle dont on se sert dans la localité.

Les récoltes commencées en 1873-1874 se sont élevées, jusqu'à ce jour, à 7 101 kilogrammes de graines désailées :

	Kilogrammes.
1874.............................	1 062
1875.............................	1 040
1876.............................	1 418
1877.............................	1 259
1878.............................	234
1879.............................	262
1880.............................	114
1881.............................	1 712
Total égal............	7 101

La qualité germinative a varié entre 24 et 85 pour 100 au moment de la préparation.

Le prix de revient s'est élevé de 2 fr. 83 à 5 fr. 48, suivant l'abondance de l'année de semence; le prix moyen des cinq dernières années est de 3 fr. 544.

La modicité de ce prix avait fait songer à établir une sécherie à Ambert; mais l'approvisionnement réalisable, dans ces conditions, n'a pas paru, jusqu'à ce jour, suffisant pour justifier la construction de cet établissement. L'ouverture d'une ligne ferrée, prolongeant depuis Arvant jusqu'à Ambert le chemin de fer passant à Murat, permettra ultérieurement l'expédition des récoltes vers la sécherie de ce nom.

La dépense faite, pendant les cinq dernières années, s'est élevée à 13 641 fr. 45, savoir :

Acquisition de 4 700 hectolitres de cônes............ ..	9 646 fr. 53
Frais de manipulation..........	2 676 45
Location de magasin et installation provisoire..........	1 318 47
Total égal.......	13 641 fr. 45
Pour obtenir la dépense effective, il convient de déduire de ce chiffre le prix de vente des cônes vides..	950 90
Reste.	12 690 fr. 55

Le nombre de kilogrammes de graine désailée étant de 3 581, le prix moyen est de 3 fr. 544 ; il peut se diviser ainsi par nature de dépense :

Acquisition de cônes............	2 fr. 69
Manipulation...	0 74
Location et divers.	0 37
	3 fr. 80
A déduire, vente des cônes.......	0 26
	3 fr. 54

Le rendement de l'hectolitre a varié entre 716 grammes et 1^k,295 de graines désailées; le kilogramme de graine ailée a rendu 623 à 695 grammes de graines désailées pesant par litre 440 à 480 grammes.

Pin sylvestre des Alpes et pin à crochets. — Dans les Alpes, la récolte de la graine de pin sylvestre n'est plus actuellement qu'accessoire ; l'essence qu'il importe d'y recueillir, est le pin à crochets.

L'établissement de cette industrie a été et est d'autant plus difficile à établir dans cette région, que tous les hommes valides émigrent en hiver pour faire du colportage soit en France, soit à l'étranger. Ce commerce leur rapporte plus que l'industrie du ramassage des cônes ; il est plus agréable pour eux, puisqu'il leur permet de fuir les rigueurs de l'hiver. Quelques-uns même ont fait ainsi une petite fortune, de sorte que tous espèrent s'y enrichir. Les femmes, les enfants, les infirmes et les vieillards restent seuls. L'accès de la montagne, pénible et même dangereux pour les plus valides, les effraye le plus souvent avec juste raison.

Dans de telles conditions, les premières années ont donné des résultats assez faibles; l'augmentation progressive des produits permet cependant d'espérer dans l'avenir une certaine extension.

Le cône du pin à crochets diffère peu de celui du pin sylvestre pour un œil peu exercé; de là, dans le principe, un mélange dans les récoltes qui fut accepté pour ne pas rebuter les ouvriers. Depuis, pour favoriser les récoltes de ces essences, l'Administration a augmenté de 50 centimes à 1 franc le prix de l'hectolitre; et, au contraire, elle a diminué le prix de la seconde. Elle espère développer ainsi la production en graine de pin à crochets au détriment de celle de pin sylvestre.

Les centres de production dans les Alpes sont actuellement : le Queyras, le Briançonnais, Digne.

Les deux premiers centres font partie du même service local; nous en parlerons en même temps. Les magasins sont situés à Aiguilles et à Briançon (Hautes-Alpes).

Les cônes emmagasinés en hiver, au fur et à mesure des apports faits par les paysans, sont exposés en été au soleil sur des toiles disposées au-dessus d'une aire en planches; ils y sont remués de temps en temps à l'aide d'un grand râteau de 70 centimètres de large, armé de dents espacées de 5 centimètres. Lorsque les cônes sont ouverts en partie, on les jette à la pelle sur un crible suspendu à quatre cordes; on les secoue, ils laissent tomber une portion de leur graine; on les remet ensuite sur l'aire. Cette opération est recommencée trois ou quatre fois, suivant l'ardeur du soleil. Ce premier crible a des mailles très allongées de 10 centimètres de long sur 12 millimètres de large; il a lui-même environ 84 centimètres de long sur 55 centimètres de large.

Le désailement s'obtient en mettant la graine dans un nouveau crible à mailles de 7 millimètres; des femmes l'y prennent; elles la frottent entre leurs mains et contre le fond du crible pour en détacher et briser les ailes. Le résidu est ensuite nettoyé dans un tamis à mailles de 2 millimètres, puis à l'aide du ventilateur employé pour les céréales. Ce mode de désailement est bon, mais il est onéreux et lent; il ne peut pas être employé pour une opération importante.

La quantité de graines préparées depuis 1875, première année des récoltes, s'est élevée à 3 316 kilogrammes, dont 1 516 kilogrammes de pin sylvestre et 1 800 kilogrammes de pin à crochets, savoir :

	Graines de pin sylvestre. Kilogrammes.	Graines de pin à crochets. Kilogrammes.
1875...............	31	8
1876...................	101	150
1877........	75	333
1778.......	138	»
1879.....	369	474
1880.	174	262
1881..........	608	573
Totaux égaux........	1 516	1 800

Le prix de revient a varié entre 3 fr. 11 et 5 fr. 47 pour le pin sylvestre et 4 francs et 7 fr. 22 pour le pin à crochets.

La dépense des cinq dernières années s'est élevée à 6 539 fr. 70 pour le pin sylvestre et à 11 581 fr. 56 pour le pin à crochets :

La dépense de 6 539 fr. 70 pour les productions de pin sylvestre se répartit ainsi :

Acquisition de 1 548 hectolitres de cônes.....	4 977 fr. 18
Frais de manipulation desdits............................	964 52
Location et installation provisoire....	598 00
Total égal.........	6 539 fr. 70

Il n'est pas signalé de vente de cônes vides. La production ayant été de 1 370 kilogrammes de graines désailées, le prix moyen est de 4 fr. 77, il se décompose ainsi :

Pour acquisition de cônes..	3 fr. 63
Pour manipulation...................................	0 70
Pour location, installation, etc.........................	0 44
	4 fr. 77

La dépense de 11 581 fr. 56 faite pour les préparations de graines de pin à crochets se répartit ainsi qu'il suit :

Acquisition de 2 454ʰ,60 de cônes....................	9 153 fr. 35
Frais de manipulation............................ .	1 365 05
Location, installation provisoire, etc................	1 063 15
	11 581 fr. 55

La production ayant été de 1 665 kilogrammes de graines désailées, le prix moyen pour cette période est de 6 fr. 95, il se décompose ainsi :

Pour acquisition de cônes.............................	5 fr. 49
Manipulation........................	0 82
Location et installation, etc..........................	0 64
	6 fr. 95

La qualité germinative de cette graine a varié entre 68 et 93 pour 100 pour le pin sylvestre et entre 24 et 76 pour 100 pour le pin à crochets.

L'hectolitre de cônes pleins pèse de 40 à 48 kilogrammes suivant l'époque de la cueillette. Il a rendu suivant les années, de 875 grammes à 1ᵏ,240 de graines ailées pesant 110 à 165 grammes le litre. Chaque kilogramme de graines ailées a donné de 607 à 800 grammes de graines

Fig. 2. — Elévation d'une sécherie solaire. Système de M. Marchand.

désailées pesant de 460 à 540 grammes le litre. Tous ces chiffres s'appliquent aux deux essences.

Depuis 1875, cette nouvelle industrie a fait des progrès incontestables dans les Hautes-Alpes, les agents forestiers ont mis beaucoup de zèle pour étudier le mode de préparation le plus économique et amoindrir le transport des cônes si onéreux en montagne.

Les quelques chiffres qui suivent peuvent donner une idée des économies réalisables sur les frais de transport, si l'emmagasinage des cônes et l'extraction de la graine pouvaient se faire sur place. En prenant la moyenne des renseignements statistiques consignés à l'alinéa précédent, on trouve que la préparation sur place réduit les transports des cônes à $\frac{1}{60}$ environ des poids et volumes :

En effet, le transport de 100 litres de cônes pesant 44 kilogrammes, peut être réduit à 7ˡ,71 de graines ailées pesant 1ᵏ,057 et même à 1ˡ,48 de graines désailées pesant 743 grammes.

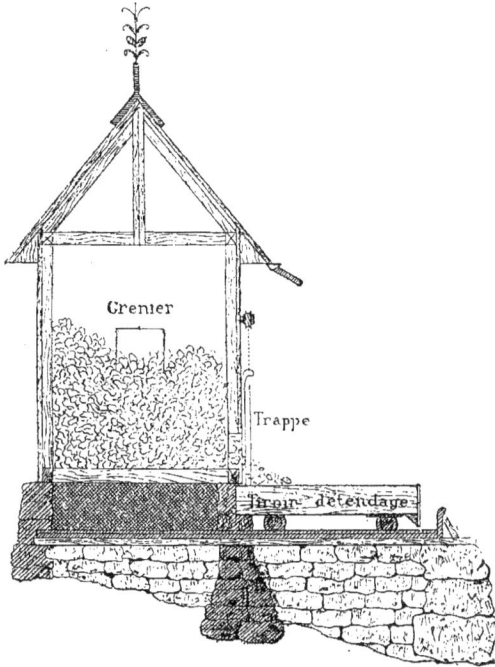

Fig. 3. — Coupe d'une sécherie solaire. Système de M. Marchand.

Soit une réduction de 98,52 pour 100 en volume, et en poids 98,30 pour 100.

Ces chiffres conduisirent M. Marchand, inspecteur du reboisement à Embrun, à proposer l'établissement, à titre d'essai, d'une petite sécherie à peu près semblable à celles qu'il avait vues en Autriche. Voici en quelques mots le système :

Dans une clairière bien exposée au soleil, et sur un terrain sec, on construit une cabane divisée en deux étages (fig. 2 et 3). L'étage supérieur, de beaucoup le plus considérable, sert de magasin. La partie inférieure, beaucoup moins élevée, est remplie par un grand tiroir roulant sur des rails qui s'avancent en dehors du bâtiment d'une quantité un peu supérieure à sa longueur intérieure. Ces rails sont orientés de façon à permettre de profiter le plus longtemps possible des rayons solaires.

Le tiroir est partagé par un double fond à claire-voie.

En hiver, on remplit de cônes la partie supérieure. L'été venu, lorsque l'on désire préparer la graine; on sort le tiroir du dessous du bâtiment ; on ouvre une trappe disposée dans la paroi de l'étage supérieur en face du tiroir ainsi placée; puis on étend les cônes qui tombent par cette ouverture sur le double fond à claire-voie. Lorsque la chaleur solaire a fait ouvrir les cônes, on les brasse sur le double fond autant de fois qu'il est nécessaire pour leur faire abandonner toutes leurs graines. On enlève les cônes vides, puis la graine tombée dans le fond du tiroir, et l'on recommence une nouvelle opération.

En cas d'averse, le tiroir est repoussé sous le bâtiment, on évite ainsi les commencements de germination des graines.

Une seule sécherie de ce genre a été construite en 1881 dans l'Embrunais, elle a coûté environ 1 000 à 1 200 francs ; M. Marchand n'a pas été aussi satisfait du système qu'il l'espérait ; mais un essai d'un an n'est pas suffisant, il faut le continuer encore pendant une ou plusieurs années.

Dans les Basses-Alpes, la récolte des graines de pin sylvestre et de pin à crochets a été jusqu'à ce jour presque sans importance, et sujette à des intermittences. Depuis 1874, époque des premiers essais, la production totale a été de 1 595 kilogrammes, dont 1 354 kilogrammes en pin sylvestre et 241 kilogrammes en pin à crochets, savoir :

	Graines de pin sylvestre. Kilogrammes.	Graines de pin à crochets. Kilogrammes.
1874......................	102	»
1875	875	»
1876.....................	216	»
1877.....................	»	»
1878.....................	20	4
1879.....................	»	»
1880.....................	»	31
1881.....................	141	204
Totaux égaux........	1 354	239

Le prix du kilogramme a varié entre 2 fr. 63 et 5 fr. 90 pour le pin sylvestre et 3 fr. 93 et 9 fr. 30 pour le pin à crochets.

La qualité germinative de la graine du pin sylvestre a varié entre 82 et 93 pour 100 et celle du pin à crochets entre 62 et 68 pour 100.

La dépense faite pendant les trois dernières années s'est élevée à 2 231 fr. 74 dont 737 fr. 37 pour le pin sylvestre et 1 494 fr. 37 pour le pin à crochets. Voici pour chacune d'elles un détail semblable à celui que nous avons déjà donné pour les autres centres.

La dépense de 737 fr. 37 pour le pin sylvestre se divise ainsi :

Acquisition de 190 hectolitres de cônes.................	454 fr. 00
Manipulation desdits................................	159 26
Location, installation, etc.	124 11
	737 fr. 37

Le nombre de kilogrammes de graines désailées préparées ayant été de 141 kilogrammes, le prix moyen est de 5 fr. 23 qui se répartit ainsi :

Pour achat de cônes.................................	3 fr. 22
Pour manipulation.............	1 13
Pour location et divers.	0 88
	5 fr. 23

Pour le pin à crochets la dépense de 1 494 fr. 37 se répartit ainsi :

Acquisition de 323 hectolitres de cônes............ ...	799 fr. 42
Manipulation desdits...............................	404 24
Location et divers.......	290 71
	1 494 fr. 37

La quantité de graines désailées préparées ayant été de 235 kilogrammes, le prix moyen du kilogramme serait de 6 fr. 35, il se divise ainsi :

Pour acquisition de cônes..........................	3 fr. 40
Pour manipulation.................................	1 72
Pour location et divers............................	1 23
	6 fr. 35

Ces récoltes ont fort peu d'importance; elle pourrait peut-être être augmentée. La plus intéressante des deux, celle du pin à crochets, devrait être au moins suffisante pour assurer le service du reboisement dans le département.

En résumé : les préparations de graines résineuses sont avantageuses pour le Trésor; si, sur certains points, nous voyons les prix s'élever pendant les mauvaises années; en moyenne ils sont inférieurs à ceux du commerce; à la condition cependant que cette industrie soit établie dans le pays depuis quelques années.

Ces récoltes ont, en outre, l'avantage de fournir des essences qu'il est impossible de trouver dans le commerce.

Les graines qui en proviennent, sont de bonne qualité au moment de l'extraction; pour quelques-unes, cette qualité se maintient jusqu'au moment de l'emploi; mais surtout pour le pin sylvestre et le pin à crochets, il est très désirable de voir ces préparations remplacées par des séchages d'hiver, afin d'éviter autant que possible la déperdition de la vitalité de la graine.

Il résulte, en effet, des expériences minutieuses et savantes, faites depuis quelques années par M. Gouët, directeur du domaine des Barres, que la qualité germinative des graines résineuses décroît dans les greniers de ce domaine ainsi qu'il est indiqué ci-dessous :

	1re année et 1er printemps après la maturité.	2e année.	3e année.	4e année.	5e année.	6e année.
Graine de pin maritime...	80 %	69 %	64 %	55 %	53 %	50 %
— de pin d'Alep.	80	60	82	55	non encore éprouvée	
— de pin à crochets..	80	45	39	31	30	non en. épr.
— d'épicéa...	80	55	30	8	1	0
— de pin sylvestre....	80	48	20	9	2	0
— de pin d'Auvergne.	80	47	19	5	1	0
— de pin noir........	80	46	20	4	1	0
— de pin laricio......	80	45	14	7	1	0
— de mélèze..........	40	15	2	0	0	0
— de pin cembro.....	80	10	0	0	0	0
— de sapin.	80	5	0	0	0	0

On voit par les chiffres ci-dessus que tout propriétaire forestier a le plus grand intérêt à utiliser les graines résineuses au premier printemps qui suit leur maturité. S'il peut s'écarter de cette règle pour le pin maritime et le pin d'Alep, il n'en est pas de même pour toutes les autres essences. Toute personne qui s'occupe de la préparation de ces graines, doit donc faire tous ses efforts, pour que l'extraction des graines du cône soit faite pendant le premier hiver et le printemps suivant.

Pour le sapin et le pin cembro, la chaleur solaire n'est pas nécessaire, la simple dessiccation du fruit cueilli suffit; leur préparation est des plus simples, comme nous l'avons déjà dit. Mais pour les autres la dessiccation du cône cueilli ne se produit pas suffisamment dans un grenier pour que la graine sorte de l'aisselle de l'écaille. Les rayons d'un soleil d'hiver ne suffisent même pas, il faut hâter artificiellement l'épanouissement. Ce résultat ne peut être obtenu que par les sécheries à étuve dont nous allons nous occuper maintenant.

SÉCHERIES A ÉTUVE.

Avant d'entrer dans l'étude détaillée des sécheries à étuve de l'Administration des forêts, nous allons faire un historique rapide de ces établissements.

La première fut construite, en 1824, à Haguenau; elle devint bientôt insuffisante. Vingt ans après, en 1844, le gérant responsable de cette sécherie, M. Rich, propriétaire du monopole des fournitures de graines pour tout le service forestier, dut acheter à son compte personnel un immeuble où il construisit une étuve nouvelle. L'étude approfondie des types allemands de l'époque lui permit d'apporter de nombreux perfectionnements dans cette construction.

Pendant ce temps, en 1837, la liste civile faisait à Fontainebleau une toute petite étuve sur le vieux modèle de Haguena u; l'essai réussit, et, en 1843, elle était remplacée par le bâtiment qui existe encore aujourd'hui et sert, depuis cette époque, à préparer de la graine de pin sylvestre.

Presque en même temps, le département de l'Isère, désireux de voir commencer l'œuvre du reboisement, votait la création d'une sécherie de graines d'épicéa, qui fut établie à Fourvoirie, dans la forêt domaniale de la grande Chartreuse.

L'Administration songea à cette époque à établir des sécheries dans les Basses-Alpes et la Lozère; mais ces projets n'aboutirent pas.

En 1848, les établissements de Haguenau et de Fourvoirie furent améliorés; mais aucune création nouvelle ne fut entreprise jusqu'au vote de la loi sur le reboisement en 1860.

Dès l'automne de cette année, l'Administration mit à l'étude l'établissement de nouvelles sécheries destinées à fournir au service les graines difficiles à obtenir du commerce.

M. Sommervogel, sous-inspecteur des forêts à Strasbourg, qui avait acquis des connaissances spéciales dans la matière lors de la restauration de l'étuve de Haguenau, fut invité à faire deux types théoriques de petites étuves.

Ces types, qui faisaient faire un pas dans la voie du progrès, servirent de modèles pour les sécheries de cette époque.

Six propositions de construction furent faites pour les localités don les noms suivent :

1° Falckenstein ;
2° Gérardmer ;
3° Nantua ;
4° Murat ;
5° La Llagonne ;
6° Briançon.

Toutes ces propositions furent approuvées, à l'exception de celle relative à Gérardmer, où il n'était possible de produire que de la graine d'épicéa à un prix supérieur à celui du commerce et à celui de la sécherie de Fourvoirie. Cette dernière fut elle-même fermée quelques années après pour le même motif.

La sécherie de Falckenstein fonctionna jusqu'en 1870. Elle ne donna, pendant ces quelques années d'existence, que 8 949 kilogrammes de graines de pin sylvestre et 1 660 kilogrammes de graines d'épicéa. Cet établissement était trop près de celui de Haguenau ; la récolte des cônes dans toutes les forêts domaniales et communales qui l'environnaient, était concédée à M. Rich ; de sorte que le régisseur de Falckenstein ne pouvait réaliser ses approvisionnements que dans les forêts particulières.

Cette situation aurait nui à son développement. Le prix de la graine ailée produite varia entre 3 francs et 3 fr. 77 pour le pin sylvestre et fut de 96 centimes pour l'épicéa.

La sécherie de Nantua fut établie dans une maison louée en 1862. Son rendement fut presque toujours insignifiant ; aussi, en 1869, le bail ne fut pas renouvelé.

La sécherie de Briançon fut établie sur un terrain acheté à cet effet. Sa construction très simple et très suffisante, à notre avis, pour la contrée, ne coûta que 4 284 francs, y compris le prix d'acquisition du terrain. Elle ne possédait pas de grenier à cônes.

De 1862 à 1866, elle fournit 1 140 kilogrammes de graines désailées, de pin sylvestre et de pin à crochets, qui coûtèrent 9 909 fr. 33, y compris l'intérêt, l'amortissement du capital engagé et le traitement du garde chargé de la régir.

Cette dépense se divise ainsi :

Achat de 1 197h,29 de cônes............	3 079 fr. 29		
Manipulation desdits.................	710	95	
Location du grenier.................	86	00	4 143 fr. 78
Divers et réparations.................	230	90	
Assurance.........................	36	64	
Traitement du garde.................	3 150	00	5 065 55
Amortissement du capital....	1 915	55	
			9 209 fr. 33

Le prix du kilogramme serait ainsi, d'après le rapport qui proposa la fermeture de l'établissement, de 8 fr. 07 ; tandis que, dans le pays, le même kilogramme valait 4 fr. 25, lorsqu'on l'achetait aux paysans.

Ce raisonnement, de prime abord exact, est susceptible d'objections. On doit remarquer d'abord qu'à l'article *Traitement* figure le traitement intégral du préposé employé pendant huit mois de l'année à un autre service, et qui, pendant les quatre autres mois, serait resté chez lui sans rien faire, s'il n'avait pas été occupé à la sécherie. L'imputation de cette somme au passif des récoltes paraît d'autant plus exagérée que, pendant les quatre années de fonctionnement, les récoltes se répartissent ainsi :

Année 1862-1863, 9 hectolitres de pin sylvestre, 18h,20 de cônes de pin à crochets ;

Année 1863-1864, 363 hectolitres de cônes de pin sylvestre, 331 hectolitres de cônes de pin à crochets ;

Année 1864-1865, 9 hectolitres de cônes de pin sylvestre, 8h,50 de cônes de pin à crochets ;

Année 1865-1866, 66 hectolitres de cônes de pin sylvestre, 393 hectolitres de cônes de pin à crochets.

C'est-à-dire que, pendant deux ans, le préposé aurait eu à préparer une fois 29 hectolitres, et l'autre fois 17ʰ,50 de cônes, opération qui lui a pris au plus quinze jours de travail effectif.

Si l'on considère la dépense réelle faite pendant ces quatre années; les graines en question n'ont coûté que 3 fr. 63 le kilogramme, prix très admissible. Ces mêmes graines achetées au commerce auraient coûté, au minimum, de 4 500 à 5 000 francs. On trouve que le bénéfice de l'Administration, pour cette période, est de 500 à 850 francs, amortissement et intérêt très suffisants si l'on considère que l'on procédait à ces récoltes pour la première fois dans le pays.

L'argument du rapport disant que l'on pouvait acheter la graine 4 fr. 25 le kilogramme était hypothétique : attendu que, aussitôt la sécherie fermée, il ne fut pas possible au service local d'acheter un seul hectogramme de graines.

La fermeture de l'établissement de Briançon tarit ainsi une source de graines de pin à crochets et retarda l'œuvre du reboisement. La nécessité de se procurer partout où elle pouvait la graine de cette essence força, en 1874, l'Administration à faire de nouvelles tentatives dans cette région. Nous en avons déjà parlé plus haut à l'article des préparations solaires.

Les sécheries de la Llagonne et de Murat fondées, comme les précédentes, en 1861, feront l'objet d'un article spécial ; nous ne nous y arrêterons donc pas ici.

En 1866, les agents forestiers du département du Var proposèrent d'établir une sécherie, mais ce projet n'aboutit pas.

En 1872, à la suite de l'insuccès de la mise en adjudication de la fourniture de graines résineuses, l'Administration fit un nouvel effort pour augmenter la production des récoltes; mais elle agit avec prudence. Il fut décidé qu'avant d'établir des sécheries à étuve entourées de greniers pour l'emmagasinage des cônes, les récoltes logées dans des bâtiments loués seraient préparées par la chaleur solaire.

On devait éviter ainsi des dépenses inutiles.

Au vu des propositions des conservateurs, cinq nouveaux centres furent choisis :

1° Le Puy-de-Dôme ;
2° La Lozère ;
3ⁿ Les Hautes-Alpes ;
4° Les Basses-Alpes.
5° La Savoie.

Dans le Puy-de-Dôme, les agents proposèrent, dès 1873, l'établissement d'une sécherie domaniale ; l'expérience faite leur paraissait concluante, et la ville d'Ambert offrait de céder gratuitement les terrains nécessaires. Le projet fut rejeté avec d'autant plus de raison qu'incessamment une nouvelle voie ferrée va permettre de centraliser à Murat les récoltes faites dans ce département.

Dans la Lozère, un terrain fut acheté. Un très beau projet de sécherie solaire a été préparé ; mais, pour des motifs déjà énoncés, il ne nous paraît pas susceptible d'être approuvé. Ces récoltes pourront aussi être bientôt dirigées vers Murat par la ligne de Neussargues à Marvejols.

En Savoie, les bâtiments domaniaux des Fourneaux furent affectés à l'établissement d'une sécherie. Mais la situation était mauvaise, dès 1878, le magasin fut fermé.

Dans les Basses-Alpes, la récolte n'est pas encore assez importante pour nécessiter la construction d'un établissement ; mais si les préparations chez les paysans ne se développent pas ; un jour ou l'autre, on peut être amené à construire une petite étuve.

Pour les Hautes-Alpes, la question a été étudiée ci-dessus.

Tel est l'historique général des sécheries de l'Administration ; il résume la situation de cette industrie en France, puisque les particuliers ne possèdent pas d'établissements de ce genre.

Entrons maintenant dans quelques détails sur les dispositions intérieures et les manipulations des graines préparées par la chaleur artificielle.

Cette étude sera divisée en quatre parties, savoir :

1° Sécherie de Haguenau ;

2° Sécherie de Fontainebleau ;

3° Sécherie de la Llagonne ;

4° Sécherie de Murat ;

Sécherie de Haguenau. — En 1824, l'Administration fut amenée à construire la sécherie de Haguenau par la nécessité de mettre un terme aux prétentions sans cesse plus élevées des fournisseurs et de remédier aux nombreuses fraudes commises par eux, tant sur la qualité que sur la nature de la graine de pin sylvestre.

Haguenau était bien choisi comme centre de récolte : l'importante forêt de ce nom contenait environ 7 000 hectares de pins en massif pur ; les bois et forêts des arrondissements voisins de Bitche et de Wissembourg et même de la Bavière rhénane peuplés en grande partie de cette même essence pouvaient envoyer les cônes à cet établissement, sans frais de transport trop considérables.

Le premier établissement consistait en un magasin pour renfermer les cônes après la récolte et un séchoir (fig. 4 et 5).

Les graines préparées étaient placées dans des chambres attenant au logement du gérant.

La source de chaleur très primitivement construite était un four à garance en poterie placé au rez-de-chaussée du séchoir. Pour utiliser le plus possible la chaleur produite, on avait adopté la disposition suivante : les tuyaux de fumée traversaient deux étages avant de sortir de l'étuve ; d'autres tuyaux en poterie traversaient l'intérieur du four sans communiquer avec lui ; ils aspiraient l'air de la chambre

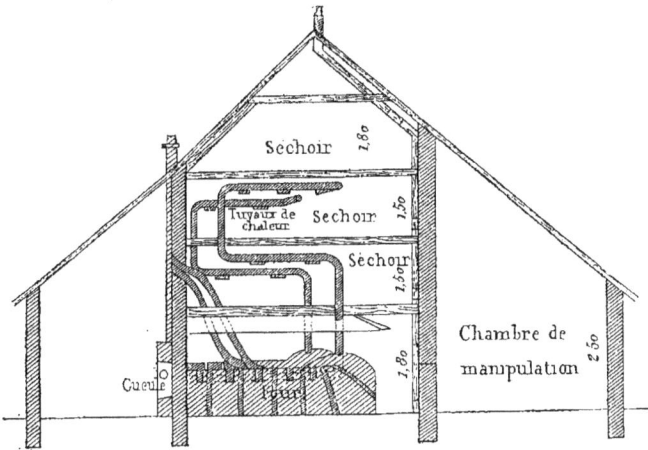

Sechoir 1.80

Tuyaux de chaleur — **Sechoir** 1.50

Sechoir 1.50

Chambre de manipulation 2.50

1.80

Gueule — Tuyau de fumée — Four

Fig. 4. — Coupe de l'ancienne sécherie de Haguenau.

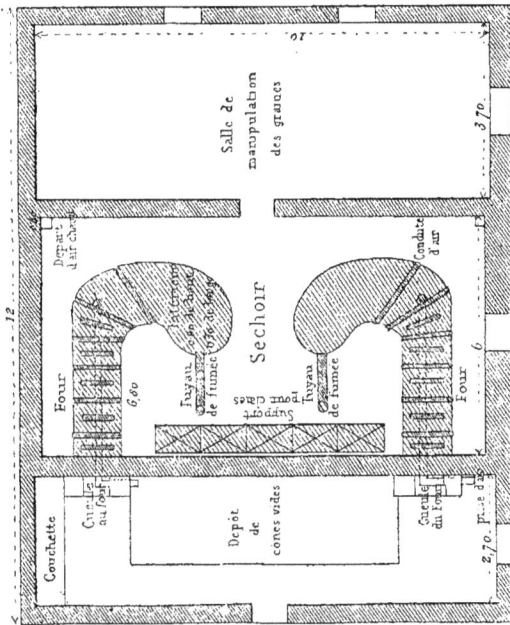

Salle de manipulation des graines — 3.70 — 10

Départ d'air chaud — Conduite d'air

Sechoir

Four — Tuyau de fumée — Tuyau de fumée — Four — 6

6.60 — Support pour clûes

Couchette — Gueule au four — Dépôt de cones vides — Gueule du four — Prise d'air

12 — 2.70

Fig. 5. — Plan de l'ancienne sécherie de Haguenau.

d'accès auprès de la gueule des fours ; puis, après l'avoir chauffé, ils le conduisaient par des tuyaux en tôle dans les divers étages, comme le plan ci-joint l'indique.

La chaleur était fournie par trois sources :

1° Le rayonnement du four atténué par un écran de tôle fixé au plafond du rez-de-chaussée ;

2° Le rayonnement des tuyaux de fumée ;

3° L'air chauffé dans les tuyaux de poterie placés à l'intérieur du four.

Ce système de chauffage, tout primitif, était fort bien disposé pour utiliser le plus complètement possible la chaleur du foyer.

Un second four était placé symétriquement au premier.

Le séchoir, situé au-dessus du rez-de-chaussée, était formé par trois planchers mobiles à claire-voie, disposés à 1ᵐ,50 les uns au-dessus des autres. Au-dessous de chaque plancher, des toiles tendues recueillaient les graines sorties des cônes ; celles qui passaient entre les joints des toiles, tombaient sur le sol du rez-de-chaussée à droite et à gauche des fours.

Deux conduits en bois de 40 centimètres carrés de section, placés dans les angles et munis d'une petite trappe à chaque étage, permettaient d'établir un petit courant de renouvellement d'air chaud, et en même temps de faire parvenir au rez-de-chaussée les graines ramassées à chaque étage.

Ce bâtiment avait coûté 3 500 francs, il pouvait donner 8 000 kilogrammes par an en cinq mois d'activité.

La manipulation se faisait de la manière suivante, d'après une description donnée par M. Rich lui-même, dans les *Annales forestières* de 1843 :

Les cônes purgés de matières étrangères étaient montés à l'aide d'une poulie à l'étage supérieur ; de là, au fur et à mesure de la dessiccation, ils étaient descendus d'étage en étage par des trappes ménagées dans les planchers. Le chargement total était de 80 hectolitres ; ce nombre fut augmenté plus tard par la construction d'étagères autour des murs.

Le feu, allumé pour la première fois après un chômage, était entretenu pendant trente-six heures ; à ce moment, les cônes commençaient à s'ouvrir ; la température avait été entretenue douce et uniforme. On entrait alors dans le séchoir ; et non sans peine, par suite du peu de hauteur des étages, on brisait les cônes et l'on humectait ceux du premier plancher pour faciliter l'épanouissement des écailles. La température était, à ce moment, portée à 33 ou 36 degrés centigrades. Au bout de quelques heures, si l'on remarquait, ce qui arrivait par les grands vents et les temps de pluie, que les cônes s'ouvraient mal le long des murs, on les changeait de place ; on les humectait de nouveau.

Lorsque les cônes du premier étage étaient tous ouverts, ils étaient jetés au dehors et remplacés par ceux du second. Les cônes du troisième, descendus au second, étaient remplacés eux-mêmes par des cônes nouveaux pris dans le magasin.

Une fois la marche du séchoir réglée, la descente des cônes du troisième étage au premier se faisait en vingt-quatre ou quarante-huit heures suivant la saison et l'état de l'atmosphère.

Le nettoyage de la graine ailée s'opérait au moyen de trois cribles; mais, par suite de la présence des ailes de la semence, jamais il n'était complet. Le premier crible servait à séparer la graine des cônes tombés avec elle. Le deuxième retenait les débris ligneux et les feuilles, et le troisième la débarrassait du sable et de la poussière.

Enfin, avant d'employer les cônes au chauffage des fours, on les étendait sur une aire dallée, on les battait avec une sorte de dame de paveur, puis on les repassait dans la série des cribles ; cette manipulation donnait encore une certaine quantité de graines.

Tout le travail était exécuté par trois ouvriers.

Le désailement de la graine était fait à la main, lorsqu'il s'agissait de petites quantités; mais le plus souvent pour les quantités importantes, il s'opérait au fléau de la manière suivante. La graine était disposée sur une aire en couche épaisse de 20 à 25 centimètres pour éviter l'écrasement, puis battue comme des céréales ; lorsque le désailement était jugé suffisant, le battage était arrêté, et le résidu était nettoyé au ventilateur. Trois hommes désailaient et nettoyaient par ce procédé environ 600 kilogrammes par jour.

La gestion de la sécherie de Haguenau était confiée à M. Rich, qui préparait la graine à ses risques et périls pour la céder à l'Administration à un prix déterminé à l'avance. La sécherie fonctionna en 1824 et 1825 avec peu d'activité. Le prix de cession fixé à 1 fr. 25 pour la graine ailée mettait en perte le gérant; il réclama. Le bien fondé de sa demande fut reconnu, et le prix fut porté à 1 fr. 65 pour les deux années écoulées.

Depuis cette époque jusqu'en 1853, l'Administration paya la graine ailée 2 fr. 05 en moyenne par an.

Le rendement fut quelquefois insuffisant pour satisfaire à toutes les demandes du service forestier. Dans ce cas, M. Rich était obligé de se procurer dans le commerce la graine demandée, et l'Administration lui en tenait compte à un prix débattu annuellement; d'après les relevés faits de 1850 à 1853, ces derniers prix, supérieurs à ceux des graines préparées à Haguenau, étaient encore inférieurs de 15 à 20 pour 100 à ceux énoncés dans les offres faites par le commerce.

L'importance croissante des demandes, auxquelles des commandes pour le service forestier communal étaient venues se joindre, avait forcé plusieurs fois M. Rich à augmenter sa production en louant des fours à garance aux particuliers. Vers 1845, il trouva plus avantageux pour lui de construire à ses frais une nouvelle sécherie qui lui coûta 32 000 francs.

Bien que cet établissement n'appartînt pas à l'Etat; il est nécessaire d'en dire quelques mots à cause de son agencement nouveau pour l'époque, qui fut un pas important fait dans la voie du progrès.

Le système présentait de tels avantages sur l'ancien, que dès 1846 M. Rich abandonna la sécherie domaniale. Elle ne servit plus que dans les années de grande abondance.

Les avantages se résumaient en une grande économie de temps, une manutention plus facile, une qualité supérieure de la graine.

Dans l'ancienne sécherie, une grande partie de la main-d'œuvre était employée à monter et à descendre les cônes, à les manipuler difficilement dans des étages surbaissés. Le cube d'air à chauffer était considérable. Le chauffage se produisait à la partie inférieure par rayonnement direct, tandis qu'à la partie supérieure il n'était produit que par l'air circulant avec peine au travers des planchers garnis de toile : de là une grande inégalité dans le séchage des cônes et la nécessité de les faire descendre d'étage en étage. La masse de murs en contact avec l'air de l'étuve entraînait une déperdition considérable de calorique. Le séjour prolongé dans l'étuve altérait la qualité ; enfin le passage sur le premier plancher exposait à des coups de feu. Les ouvriers étaient sujets à des refroidissements ; la marche pénible sur des planchers à claire-voie dans des étages de 1^m,50 de haut amenait de nombreuses maladies aux pieds et aux jambes des hommes employés.

Dans la nouvelle sécherie, ces inconvénients étaient en partie ou totalement supprimés.

La source de chaleur était un calorifère qui distribuait par des bouches l'air surchauffé ; les coups de feu provenant du rayonnement du foyer étaient supprimés. Ceux provenant d'un courant d'air à une température trop élevée étaient faciles à éviter avec un chauffeur expérimenté. L'exposition des cônes à la chaleur artificielle se faisait dans une sorte d'armoire à tiroirs contenant des claies en bois et toile métallique disposées à 20 ou 25 centimètres les unes des autres (fig 6 et 7).

Les claies garnies de cônes étaient introduites dans l'armoire, qui se refermait sur elles au moyen d'une trappe verticale fixée par un loquet. La température de l'armoire était portée à 30 ou 45 degrés centigrades par un courant d'air chaud arrivant à la partie inférieure et se dégageant à la partie supérieure. Les dimensions de l'étuve étaient ainsi bien réduites, et par conséquent le chauffage plus facile à régulariser dans toutes les parties. Pour faire sortir la graine du cône, l'ouvrier n'était plus dans une atmosphère malsaine ; il soulevait successivement chaque trappe, tirait la claie, brassait les cônes dont la graine tombait à ses pieds en dehors de l'étuve ; lorsqu'il jugeait les cônes complètement ouverts, il les remplaçait par d'autres. La graine ne restait quelquefois que

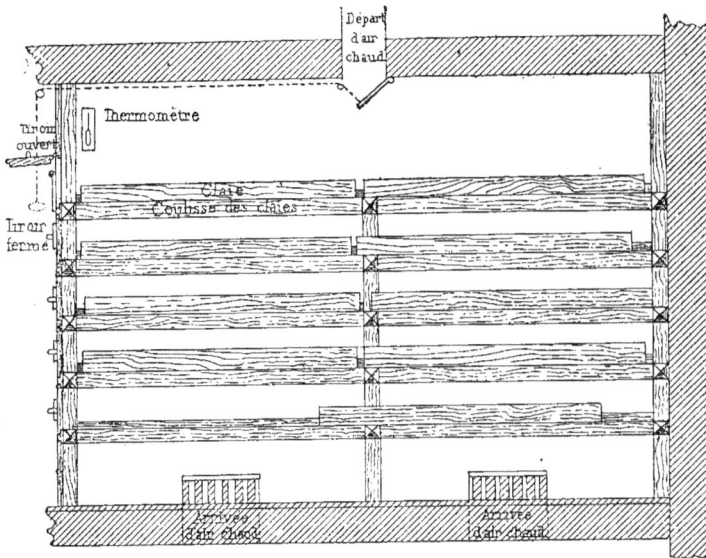

Fig. 6. — Coupe longitudinale des tiroirs de Haguenau.

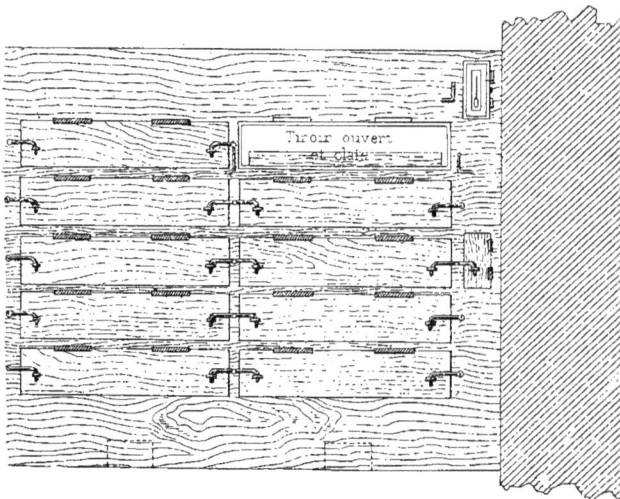

Fig. 7. — Élévation des tiroirs de Haguenau.

huit à douze heures exposée à la chaleur. Nous n'avons pu avoir les dimensions de cet établissement, mais nous avons retrouvé un croquis de l'agencement des tiroirs donné ci-contre (fig. 6 et 7). Il résulterait des documents consultés que le rendement, dans un temps donné, était deux fois plus considérable sans augmentation de main-d'œuvre.

Le succès de cet établisssment, qui n'était que la copie de ceux construits en Allemagne, fut tel, que, dès 1847, les agents locaux proposèrent d'agencer la vieille sécherie domaniale sur ce modèle. Ce projet très controversé par l'inspection des finances, n'était pas encore approuvé en 1853. M. Becquet, alors conservateur à Paris, reçut l'ordre d'examiner l'affaire ; il conclut comme les agents locaux, et la restauration eut lieu quelques années après.

Il résulte du rapport de cet agent supérieur que, de 1831 à 1834, la fourniture de 22 817 kilogrammes de graines faite par M. Rich avait coûté 45 100 francs au lieu de 62 746 fr. 75, prix basé sur les offres minimum du commerce, et qu'en moyenne l'ensemble des marchés passés avec M. Rich de 1824 à 1853 avait donné à l'État un bénéfice de 20 pour 100 sur les prix commerciaux. En 1845, une adjudication faite pour satisfaire l'inspection des finances ne donna aucun résultat, et l'on fut obligé de reprendre la soumission présentée par M. Rich et écartée par l'inspecteur général des finances ; elle était de 20 à 25 pour 100 inférieure aux offres les plus basses de ses concurrents.

La sécherie de Haguenau servit toujours de type aux constructions de l'espèce. Celle de Fontainebleau, construite en 1842 avant que M. Rich ait étudié son nouveau type, fut, comme nous le verrons plus tard, un perfectionnement de l'ancien four à garance de 1824.

C'est encore l'ancienne et la nouvelle sécherie qui servirent à M. Sommervogel pour dresser en 1861 les deux types qui lui furent demandés.

Destinés à des pays de montagnes, ces types devaient être aussi simples et peu coûteux que possible, pour que l'on puisse multiplier les constructions ; aussi l'un d'eux était évalué 1800 francs et l'autre 3 000 francs. Nous allons en dire quelques mots ; car leur étude est encore aujourd'hui intéressante.

La première, que nous désignerons sous le titre de *sécherie à étagère* (fig. 8 et 9), peut s'installer presque partout à peu de frais ; il suffit d'établir autour d'une chambre des montants avec des traverses, disposées de 25 en 25 centimètres ; en faisant déborder les traverses, elles servent de supports à des claies que l'on dispose tout autour de la chambre. Un calorifère dont les tuyaux de fumée font le tour de la pièce en passant en dessous des étagères, sert au chauffage. Des regards garnis de thermomètres permettent de surveiller les variations de température. La production de ce petit établissement est de 2 000 kilogrammes en cinq ou six mois d'hiver ; la surface d'étendage est de 79 mètres carrés. Ce type, comme on le voit, rappelle l'ancien séchoir de Haguenau qui avait été garni d'étagères pendant les dernières années de fonctionnement. Le devis joint à ce modèle évaluait la dépense de construction à 1 800 francs

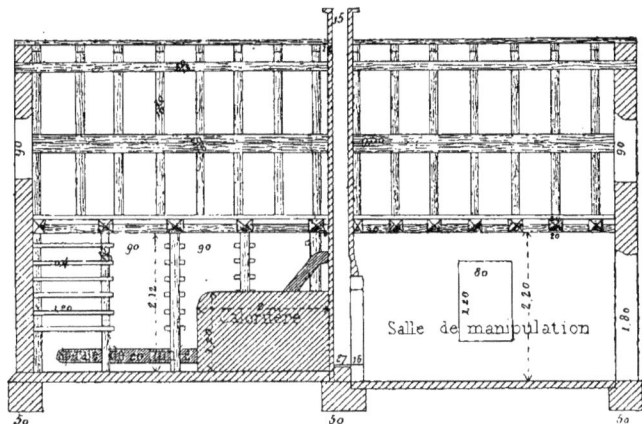

Fig. 8. — Coupe longitudinale d'une sécherie à étagère. (Système de M. Sommervogel.)

en 1861 ; elle serait peut-être maintenant de 2 500 francs au plus. L'ancienne sécherie de Briançon avait été construite sur ce type.

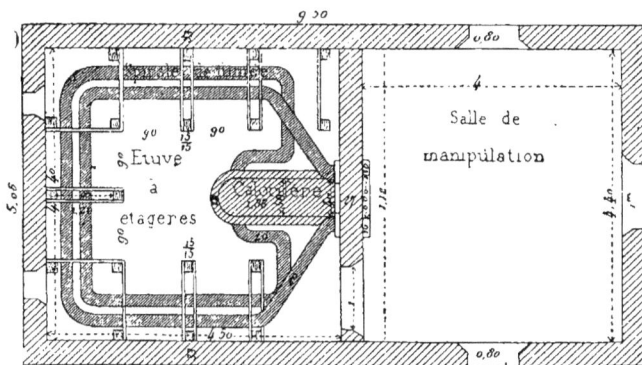

Fig. 9. — Plan d'une sécherie à étagère. (Système de M. Sommervogel.)

La seconde, que nous désignerons sous le titre de *sécherie à tiroirs* (fig. 10 et 11) était exactement semblable à l'étuve appartenant à M. Rich. Le chauffage était obtenu au moyen de l'air chauffé par un calorifère situé en dehors de l'étuve, on écartait ainsi les chances d'incendie. La disposition générale convenait fort bien aux pays en pente. Le devis estimatif fait en 1861 s'élevait à 3 000 francs, actuellement la dépense serait d'environ 5 000 francs. La production de ce type, dont la surface d'étendage brute est de 154 mètres carrés, était évaluée à 7 000 kilogrammes; il servit de base aux installations faites à la Llagonne et à Murat.

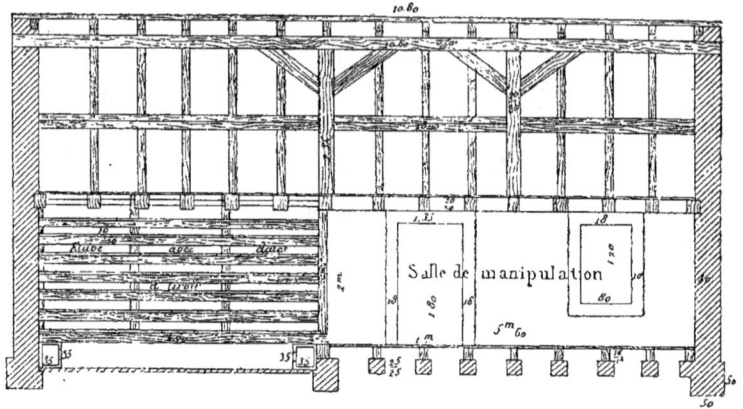

Fig 10.   Coupe longitudinale de la sécherie à tiroir. (Système de M Sommervogel)

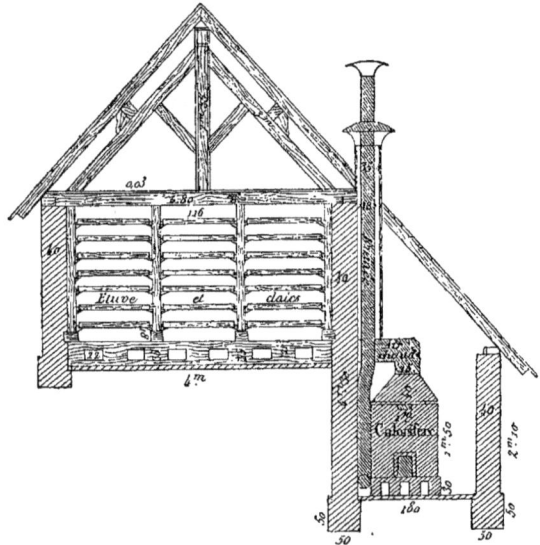

Fig. 11.   Coupe transversale de la sécherie à tiroir. (Système de M. Sommervogel.)

Dans la pensée de l'auteur, les cônes devaient être entassés à l'extérieur ou emmagasinés dans les greniers loués.

La sécherie domaniale de Haguenau n'est plus à la France depuis
1870, et celle de M. Rich ne fonctionne plus depuis la même époque.

Sécherie de Fontainebleau. — Cette sécherie, située au clos de la Faisanderie, fut bâtie en 1842 sous la direction de M. Maryer de Bois
d'Hyver, inspecteur des forêts à Fontainebleau ; son établissement
était motivé par la difficulté que l'on éprouvait à réaliser les approvisionnements de graines résineuses nécessaires aux repeuplements
considérables entrepris dans les forêts de la liste civile. Elle remplaçait

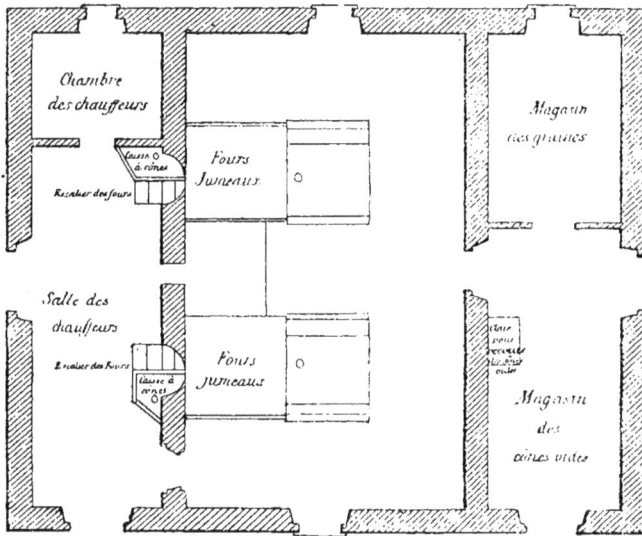

Fig. 12. — Plan du rez-de-chaussée de la sécherie de Fontainebleau.

une petite étuve bâtie en 1838 à titre d'essai, auprès du pavillon du
Grand-Parquet.

Le bâtiment n'a pas été modifié depuis 1843, il est encore en très
bon état. Il se compose d'un corps principal flanqué de deux annexes
(fig. 12 à 15).

Le corps principal comprend :

1° Un grenier sous les combles, servant à emmagasiner l'approvisionnement nécessaire à deux ou trois jours de séchage ;

2° Un rez-de-chaussée renfermant deux calorifères recouverts d'un
écran pour éloigner les graines des parties trop chaudes ;

3° Entre ces deux parties, trois étages distants de 1^m,88 supportant
des planchers à claire-voie ; la surface d'étendage est augmentée à
chaque étage par trente claies retenues le long des murs au moyen de

4

deux charnières. Une échelle de meunier met en communication les différents étages. Des trappes pratiquées dans les planchers servent à la descente des cônes.

Le chauffage est obtenu par l'air chaud qui se dégage de deux calorifères jumeaux, et par le rayonnement des tuyaux de fumée qui traversent trois étages avant de s'engager dans la cheminée en maçonnerie.

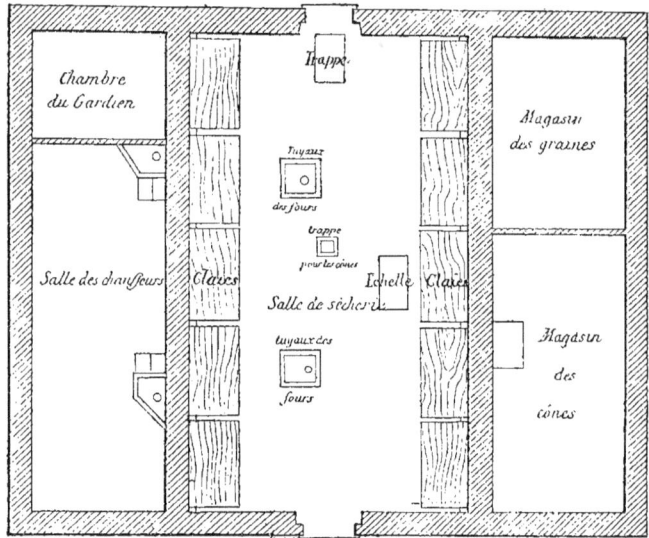

Fig. 13. — Plan du premier étage de la sécherie de Fontainebleau.

Les annexes comprennent : d'un côté, la chambre des ouvriers chauffeurs et la salle d'accès au calorifère qui est utilisée en même temps comme dépôt de cônes vides ; de l'autre côté, les deux pièces sont employées à la manipulation des cônes et des graines et à leur emmagasinage provisoire.

Les graines sont conservées dans des bâtiments voisins dépendant de la Faisanderie.

Les cônes sont entassés dehors ou sous des abris volants.

Anciennement, la récolte était réalisée d'une façon aussi économique que possible par la délivrance gratuite d'autorisations de cueillette à tous les pauvres de la région. Une fois munis de cette pièce, les ouvriers étaient libres de cueillir en forêt les quantités qu'ils désiraient ; mais ils devaient apporter le produit intégral de leur travail à la Faisanderie, où il leur était payé 1 fr. 75 par hectolitre de cônes de pin sylvestre.

2 francs par hectolitre de pin laricio et 1 franc par hectolitre de pin maritime.

Depuis quelques années, ce procédé a été restreint ou abandonné, et les apports ne peuvent plus venir en masse que des bois particuliers.

La manipulation s'opère d'une façon analogue à celle employée dans le vieux séchoir de Haguenau. L'agencement général comprend trois perfectionnements : le four à garance est remplacé par des calorifères construits avec soin; les toiles tendues au-dessous de chaque

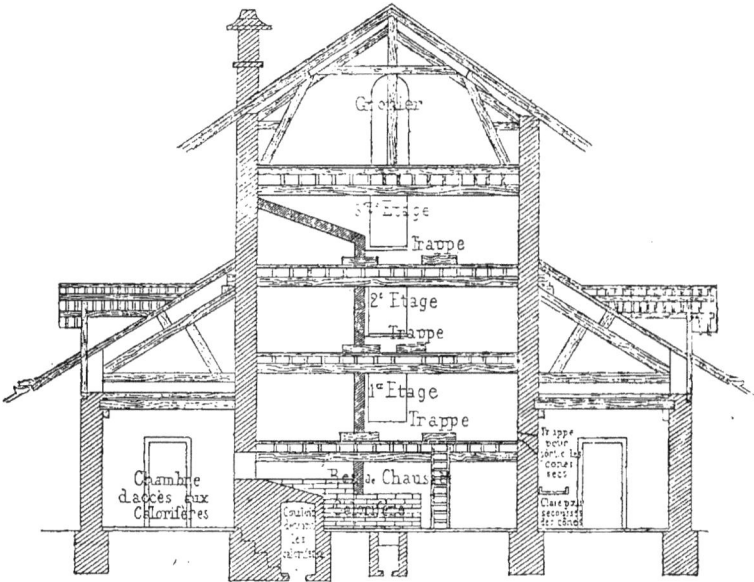

Fig. 14. — Coupe transversale de la sécherie de Fontainebleau.

étage ont été supprimées pour permettre à la chaleur de mieux circuler; et enfin, la hauteur des étages, bien qu'encore insuffisante, a été augmentée.

Les cônes à traiter sont pris dans le grenier supérieur, où un séjour de quarante-huit à cinquante-deux heures les a déjà préparés au séchage ; ils sont descendus au troisième étage à l'aide d'un conduit garni de cribles qui les séparent des corps étrangers ; ils sont étalés en couches de 5 à 6 centimètres d'épaisseur sur le plancher et sur les claies suspendues au mur. Le lendemain, les claies sont décrochées, les cônes tombent sur le plancher où ils sont brassés à l'aide de râteaux. Ils perdent ainsi une partie de leurs graines qui tombent d'étage en étage jusqu'au rez-de-chaussée passant au travers des planchers à claire-voie ; puis ces cônes sont descendus au second étage. Vingt-quatre heures après ils sont de nouveau traités comme il vient d'être dit, puis descendus au premier. Le troisième jour enfin, les cônes fortement secoués pour leur faire abandonner toute la graine qu'ils contiennent, sont jetés dans l'annexe par une trappe ; là, avant d'être portés au tas des cônes vides, ils sont mis dans une claie et brassés avec force. Cette dernière opération permet de reconnaître si l'extraction est complète ; elle ne rend presque rien lorsque la manipulation préalable a été bien menée.

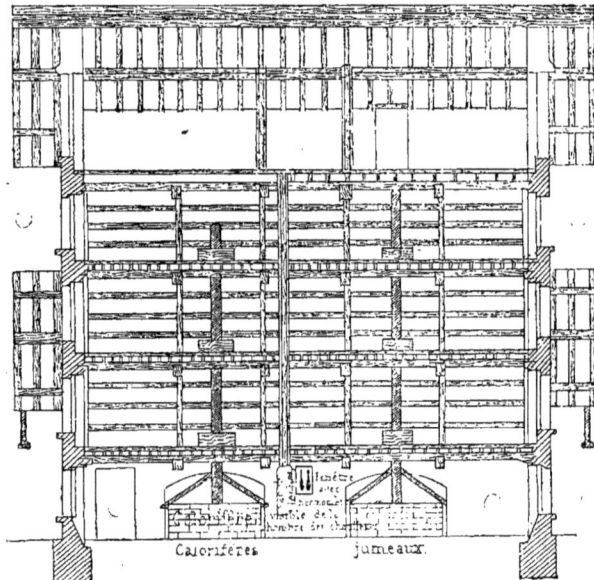

Fig. 15. — Coupe longitudinale de la sécherie de Fontainebleau.

La lenteur du séchage tient surtout à l'interruption du chauffage pendant la nuit. Durant le jour, la chaleur est maintenue entre 35 et 40 degrés centigrades ; mais vers sept heures du soir, l'étuve est hermétiquement close et les feux éteints. Grâce aux bonnes fermetures, la température ne s'abaisse pendant toute la nuit que de 10 degrés environ ; cet abaissement entraîne avec lui des dépôts de vapeur d'eau nuisibles au prompt épanouissement des écailles et fait perdre une partie de la dessiccation acquise. Cette condensation est d'autant plus considérable que l'étuve est hermétiquement fermée. Pour la diminuer, on a l'habitude, à Fontainebleau, de ne pas humecter les cônes, comme M. Rich le faisait à Haguenau.

La graine ramassée au rez-de-chaussée est emmagasinée. Elle est désailée au moment de l'envoi par un battage fait à l'aide d'un fléau sur lequel une toile d'emballage est fixée par une grosse ficelle. Le nettoyage est obtenu au moyen d'un ventilateur à céréales acheté à Moret, dont la forme est particulièrement bonne pour cet usage.

Avant 1870 on préparait à Fontainebleau de la graine de pin maritime; l'étuve que nous venons de décrire ne servait pas dans ce cas. Tout autour du bâtiment et des murs du clos de la Faisanderie, on avait disposé des pavages sur lesquels on exposait les cônes aux rayons solaires ; lorsqu'ils étaient ouverts, on les ramassait, et l'on versait la graine dans des sacs. Les massifs de pin maritime de la région n'existent plus depuis l'année 1879, ces récoltes ne sauraient donc être continuées.

Voici maintenant quelques renseignements sur les dépenses et prix de revient :

La construction de la sécherie, en 1842 et 1843, coûta 14 437 francs, et l'outillage, lors du premier établissement, fut payé 1 335 fr. 84.

De 1843 à 1848, époque de la première réunion de la sécherie au domaine de l'État, les dépenses faites se sont élevées à 34 133 fr. 06, qui se répartissent ainsi :

Frais de récolte.....	26 308 fr. 07
Manipulation..........	6 784 16
Entretien des bâtiments....	408 01
— de l'outillage....	632 82
Total égal...........	34 133 fr. 06
A déduire pour le produit de la vente des cônes vides..	8 527 10
Reste........	25 605 fr. 96

Le produit a été de 21 684 kilogrammes de graines évaluées d'après les prix minimum du commerce à 32 646 francs, savoir :

8 183 kilogrammes de pin sylvestre à 3 francs........	24 549 fr. 00
13 322 kilogrammes de pin maritime à 0 fr. 50........	6 661 00
179k,5 de pins divers à 8 francs....................	1 436 00
	32 646 fr. 00

Le bénéfice réalisé pour cette période fut donc de 7 040 fr. 04 au minimum.

Les renseignements sur les prix de revient nous font défaut jusqu'en 1864. Mais nous savons que de 1864 à 1870, si l'on en déduit l'année 1867, qui ne donna pas de récolte, et l'année 1866, pour laquelle le relevé des comptes n'a pu être fait, la sécherie produisit 23 740 kilogrammes de graines diverses, savoir :

	Kilogrammes.
Graines de pin sylvestre.........	17 610
— d'épicéa........... ......, ...	569
— de pin laricio........................... ..	432
— de pin maritime.	5 129
	23 740

La dépense correspondante s'éleva à 40 852 fr. 52, non compris l'entretien des bâtiments payé sur les fonds des bâtiments de la liste civile. Si nous évaluons ces frais à 2 000 francs et à 2 500 francs le temps employé par le brigadier sécheur, nous arrivons à un total de 46 332 fr. 52. Pendant cette période, les cônes vides n'ont pas été vendus, ils étaient distribués aux préposés pour leur chauffage.

Si l'on veut faire le même calcul que précédemment et appliquer les prix du commerce aux quantités préparées, on trouve qu'elles auraient coûté 70 178 fr. 60, savoir :

17 610 kilogrammes de graines de pin sylvestre........	64 886 fr. 10
569 kilogrammes de graines d'épicéa.....	764 00
432 kilogrammes de graines de pin laricio..........	1 964 00
5 129 kilogrammes de graines de pin maritime........	2 564 50
	70 178 fr. 60

Le bénéfice, pour cette période, serait de 23 826 francs.

Le bénéfice total pour les deux périodes étudiées comprenant douze ans est 30 866 francs, c'est-à-dire qu'il est égal à deux fois la somme dépensée pour les frais de premier établissement. Pour avoir le bénéfice total, il faudrait ajouter celui qui a été réalisé par les préparations faites de 1848 à 1863, mais nous avons déjà dit que ces renseignements nous font défaut.

Il en est de même pour les trois années 1870-1872. En 1873, la récolte a été nulle.

Pendant les huit années 1874-1881, la production limitée à la graine de pin sylvestre a notoirement diminué sans que la cause de cette diminution puisse être nettement définie ; il est certain, toutefois, que le roulement a été plus irrégulier que ne le comporte l'irrégularité des années de fructification ; le relevé ci-dessous indique les quantités récoltées annuellement :

	Graines désailées. Kilogrammes.
1874.........	1 131
1875.	808
1876.	38
1877.	2 390
1878.	1 966
1879.	0
1880.	272
1881.	1 459
Total...........	8 066

Cette quantité est moitié moindre que celle préparée de 1864 à 1870 ; le prix de revient s'en est ressenti, la dépense totale a été de 48 036 fr. 30.

Frais de récolte et de manipulation.................	42 584 fr. 20
Traitement du préposé sécheur.........	3 500 00
Frais divers...............	518 60
Entretien des bâtiments.......	1 433 50
Total égal.............	48 036 30
A déduire pour la vente des cônes vides, faite seulement en 1878.	561 25
Reste........	47 475 fr. 05

Le prix de revient serait ainsi de 5 fr. 86, prix le plus élevé de tous ceux obtenus dans les sécheries domaniales.

Si l'on tient compte de la valeur des cônes vides distribués aux gardes, on trouve que la dépense faite pendant ces dernières années est précisément égale au déboursé que le Trésor aurait eu à faire pour acheter au commerce la même quantité de graines ; l'État n'a fait de bénéfice que sur la qualité. Mais si l'on se souvient des chiffres précédemment relevés, on doit en conclure que la production a subi une crise qui peut cesser d'un moment à l'autre. En 1882, la production doit s'élever à 5 000 kilogrammes, le bénéfice réalisé sera donc très vraisemblablement de nature à rassurer sur l'avenir de cet établissement, situé en somme au centre même d'une zone d'approvisionnement très suffisante pour l'alimenter.

La graine produite a été de qualité supérieure à celle du commerce : depuis 1873 le taux germinatif a toujours varié entre 74 et 94 pour 100, nulle autre source de production n'a atteint ce chiffre.

Terminons par quelques chiffres statistiques : l'hectolitre de cônes pèse environ 45 kilogrammes, il donne 800 grammes à 1^k,400 de graines ailées brutes au sortir de l'étuve ; 1 kilogramme de ces graines donne de 570 à 720 grammes de graines désailées, qui pèse en moyenne 485 grammes par litre.

Sécherie de la Llagonne. — Cette sécherie a été établie, en 1861, à la Llagonne près de Mont-Louis (Pyrénées-Orientales), dans un immeuble acheté à un particulier et servant anciennement de caserne aux douaniers. L'étuve a été installée par les soins de M. Mazières, sous-inspecteur des forêts, qui s'est inspiré du deuxième type étudié en 1861 par M. Sommervogel, c'est-à-dire du modèle à tiroir.

Aucun essai n'avait été fait dans le pays ; les habitants et les gardes étaient complètement étrangers à cette industrie. L'entreprise était hasardée ; mais elle était nécessaire. L'Administration ne pouvait s'approvisionner de graines de pin à crochets dans le commerce. Si des offres lui étaient faites, la plupart du temps cette soi-disant graine de pin à crochets n'était autre que de la graine de pin sylvestre tirée d'un pays de montagne ou même d'un pays de plaine.

La sécherie n'a pas été modifiée depuis 1860. Elle se compose de plusieurs corps de bâtiment reliés entre eux par deux cours.

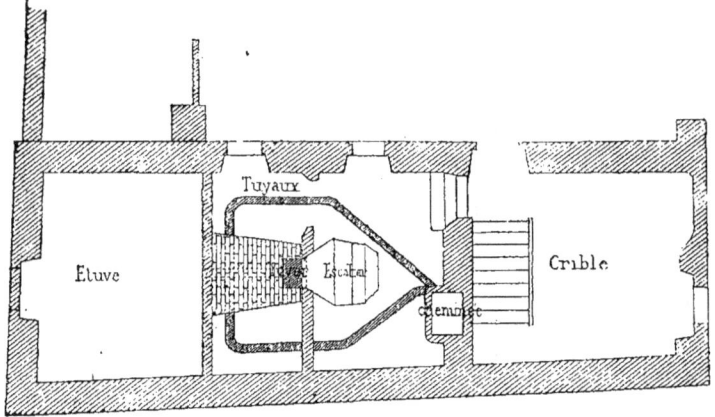

Fig. 16. — Plan de l'étuve de la sécherie de la Llagonne.

Au nord et à l'est, se trouvent l'habitation du brigadier sécheur et les magasins de graines ;

Au sud, l'étuve ;

A l'ouest, les hangars pour emmagasiner les cônes pleins.

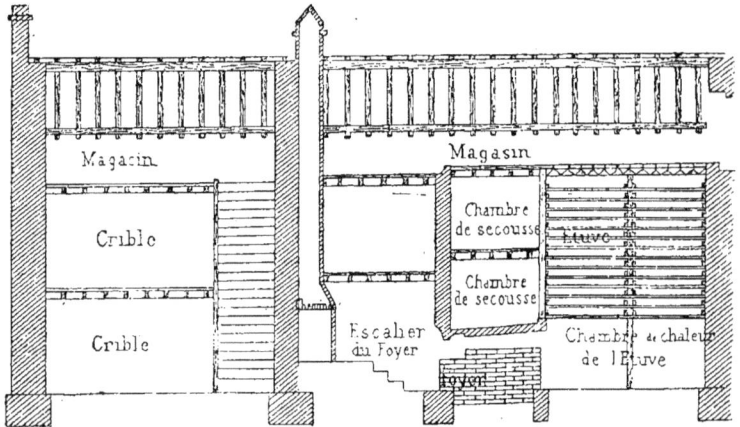

Fig. 17. — Coupe longitudinale de la sécherie de la Llagonne.

Ces bâtiments, déjà vieux au moment de l'acquisition, sont aujourd'hui en assez mauvais état.

Le bâtiment de l'étuve, dont le plan est ci-joint (fig. 16, 17 et 18), comprend :

Un grenier où l'on emmagasine, comme à Fontainebleau, l'approvisionnement nécessaire à deux ou trois journées de séchage ;

Trois chambres de manipulation ;

Une chambre pour le triage des cônes ;

Une étuve qui occupe deux chambres anciennes situées l'une au-dessus de l'autre ;

Un calorifère.

Le grenier, situé au-dessus de l'étuve, est garni en partie d'un plancher à claire-voie, de sorte qu'il profite de l'air chaud qui se dégage lors de l'ouverture des tiroirs.

L'étuve proprement dite a 5 mètres de haut sur 4^m,95 de profondeur et 4 mètres de large ; 104 claies mobiles y sont placées par étage et disposées deux par deux, bout à bout, dans des rainures sur lesquelles elles glissent. Chaque claie a 1^m,90 de long sur 1,04 de large; la surface totale d'étendage de 90 mètres carrés peut contenir 46 hectolitres de cônes.

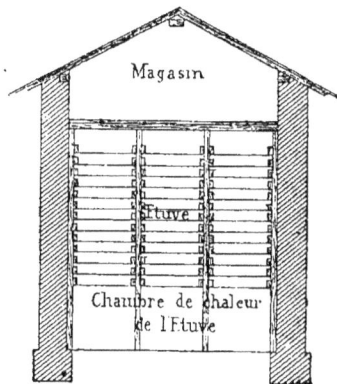

Fig. 18. — Coupe transversale de la sécherie de la Llagonne.

Le calorifère est situé en dehors de l'étuve et ne la chauffe que par l'air chaud débouchant dans une chambre de chaleur occupant toute la partie du bâtiment située au-dessous des étages de claies. Cette disposition régularise la chaleur et permet de la distribuer aussi également que possible dans toutes les parties de l'étuve. Elle constitue le seul perfectionnement apporté au type de M. Sommervogel ; mais ce perfectionnement a une très grande importance dans la pratique, puisqu'il diminue les chances de coup de feu et assure ainsi la qualité de la graine.

Chaque année, une publication faite par l'agent régisseur annonce l'ouverture des magasins. La réception des cônes, commencée vers le 15 octobre, continue jusqu'en décembre. La cueillette est faite à la main, par les paysans dans toutes les forêts domaniales ou communales des environs de Mont-Louis, contenant environ 10 000 hectares peuplés en pins à crochets ou sylvestre. Les ramasseurs transportent eux-mêmes leurs récoltes soit à la sécherie, soit pendant les années de grande abondance, dans des magasins provisoires loués à proximité des bois les plus éloignés. La qualité et la quantité des cônes sont vérifiées avec le plus grand soin par les préposés sécheurs ou collecteurs, puis par l'agent régisseur.

L'extraction de la graine commence généralement dans les premiers jours de décembre ; l'opération continue ensuite jour et nuit, sans interruption, jusqu'à l'entier épuisement de l'approvisionnement.

Les cônes, pris dans le grenier situé au-dessus de l'étuve où ils ont été exposés, pendant quarante-huit à soixante-douze heures, à une température de 20 degrés et plus, restent quarante-huit heures en moyenne dans l'étuve avant de s'épanouir complètement. Ils y sont exposés à une température de 35 à 42 degrés centigrades. Des ouvriers placés devant les tiroirs sont employés toute la journée à les secouer ; ce qu'ils font en sortant les claies de l'étuve. La nuit, le travail est arrêté. Les feux sont éteints à dix heures du soir.

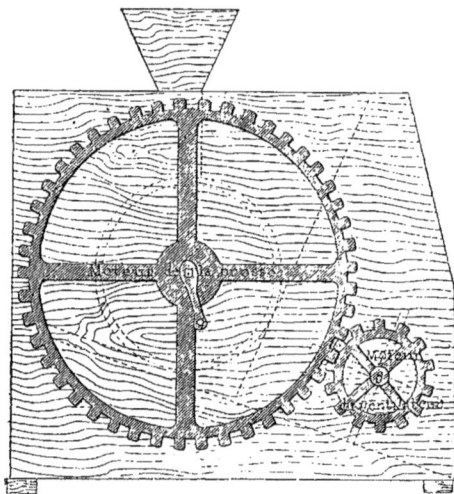

Fig. 13. — Elévation de la machine à désailer (système Marquier).

Par suite de la fermeture hermétique de l'étuve, la chaleur se conserve pendant la nuit d'une façon très suffisante ; car la température ne s'abaisse que de 3 à 6 degrés de dix heures du soir à six heures du matin. Les condensations de vapeur nocturnes sont ici moins à craindre qu'à Fontainebleau ; car, bien que l'étuve n'ait pas de dégagement d'air chaud et de vapeur, le travail de jour supplée en partie à cet inconvénient. Pendant toute sa durée, la trappe de l'un des tiroirs est ouverte, de sorte que le renouvellement d'air se produit par cette ouverture et entraîne avec lui les excédents de vapeur.

Quelques cônes, appelés *réfractaires* par les ouvriers, ne s'ouvrent pas au bout de quarante-huit heures : on les met de côté pour les exposer au soleil en été ; on obtient encore ainsi de petites quantités de graines qui ont été, en 1876, de 63 kilogrammes, et en 1877, de 35 kilogrammes.

La graine est nettoyée par un simple criblage au sortir de l'étuve :

puis elle est désailée et vannée au moment de l'envoi par une machine construite d'après les plans du garde Marquier.

Cette machine fonctionne bien ; nous croyons utile de la décrire ici et d'en donner un croquis (fig. 19 et 20).

Elle se compose de deux appareils renfermés dans une caisse de bois, l'un est destiné à opérer le désailement, l'autre à séparer les graines des débris d'ailes et de la poussière. Le mouvement est transmis simultanément aux deux parties au moyen d'une grande roue dentée et d'un pignon apparents à l'extérieur.

Sur l'axe de la grande roue est fixé un gros cylindre de bois, dont la surface est couverte par une brosse garnie de crins durs disposés en rangs hélicoïdaux. Cette brosse est entourée par une tôle bosselée

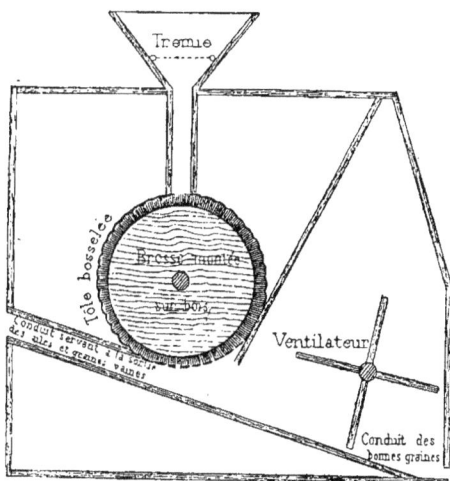

Fig. 20. — Coupe transversale de la machine à désailer (système Marquier).

de l'extérieur à l'intérieur. La partie supérieure de cette tôle est ouverte et correspond à un entonnoir muni d'une trémie ; la partie inférieure est percée de trous d'un diamètre suffisant pour laisser passer la graine. Un ventilateur est fixé sur l'axe du pignon.

Les graines ailées versées dans l'entonnoir supérieur muni de la trémie, passent au travers d'un crible horizontal qui retient les débris de cônes. Elles tombent dans le conduit vertical qui les répartit dans toute la longueur de la brosse. Dans son mouvement de rotation, celle-ci les frotte contre la tôle bosselée ; ce frottement sépare la graine de l'aile ; puis la force centrifuge précipite le tout au travers des trous percés à la partie inférieure de la tôle. A ce moment, le courant produit par le ventilateur agit sur le mélange et fait remonter dans un conduit les ailes, poussières et graines vaines, tandis que la pesanteur entraîne les bonnes semences d'un autre côté.

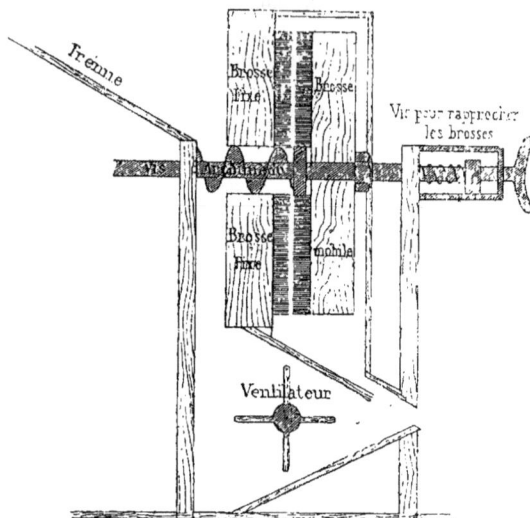

Fig. 21. — Coupe du projet de machine à désailer (système Deuxdeniers).

M. Deuxdeniers, inspecteur des forêts, qui a fait une étude particulière de cette machine, lui reproche :

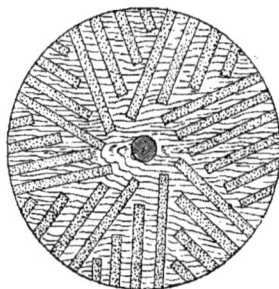

Fig. 22. — Plan de la Brosse. Projet de machine à désailer (système Deuxdeniers).

1° D'être lourde à manœuvrer : il faut trois hommes pour la servir, deux la mettent en mouvement, le troisième verse la graine dans la trémie et la ramasse à terre après le désailement et le nettoyage ;

2° De travailler irrégulièrement ; le cylindre et la brosse sont fixes, de sorte qu'avec des brosses neuves, le frottement est énergique et mutile la graine ; si, au contraire, elles commencent à s'user, le frottement est insuffisant pour briser l'aile.

Pour remédier à ces défauts, cet agent propose une nouvelle disposition. La machine (fig. 21 et 22) se composerait de deux brosses plates de forme circulaire, placées verticalement et parallèlement l'une à l'autre ; l'une d'elles serait fixe et traversée au centre par une vis d'Archimède aboutissant à une trémie dans laquelle on verserait la graine ; la seconde serait mobile autour d'un axe horizontal prolongeant celui de la vis précitée. Ces brosses, composées d'un assemblage de brosses plus petites seraient disposées, comme il est indiqué ci-contre. Leur écartement se réglerait à l'aide d'une forte vis, de sorte que l'on pourrait obtenir le frottement voulu, et le maintenir au fur et à mesure de l'usure des crins.

La graine ailée, amenée de la trémie par la vis d'Archimède, tomberait entre les deux brosses ; la brosse tournante l'entraînerait en la frottant. Par suite de la force centrifuge, elle serait rejetée à la circonférence ; d'où elle tomberait dans un conduit, où la graine et les ailes se sépareraient sous l'action du courant d'air créé par le ventilateur.

Ce modèle pourrait être essayé. D'après l'inventeur, il coûterait 500 francs ; mais le devis fait était relatif à une machine mise en mouvement par une roue hydraulique.

Le modèle du garde Marquier coûte 300 francs.

Les frais de premier établissement de la sécherie de la Llagonne et les grosses réparations s'élèvent jusqu'à ce jour à 28 567 fr. 25, savoir :

Acquisition de l'immeuble.............	5 500 fr.	00
Appropriation des bâtiments et constructions neuves...	15 721	12
Grosses réparations................................	7 546	13
	28 767 fr.	25

Depuis 1862, première année de fonctionnement, jusqu'en 1881, la sécherie de la Llagonne a produit 63 810 kilogrammes de graines de pin à crochets et de pin sylvestre. Cette préparation a donné lieu à une dépense de 190 382 fr. 18, qui se répartit ainsi :

Frais de récolte et manipulation.......	161 313 fr.	26
Traitement du préposé sécheur.....	20 241	66
Assurance...	1 244	34
Entretien des bâtiments..........	8 323	52
Total.............	191 124 fr.	78
A déduire le prix de vente des cônes vides (la vente de ces cônes est peu fructueuse et parfois difficile à la Llagonne...................	742	50
Reste...........	190 382 fr.	18

Le prix moyen serait pour cette période de 3 fr. 14 ; il est certainement de beaucoup inférieur à celui du commerce pour le pin sylvestre ; pour le pin à crochets, les offres rarement faites se sont toujours élevées à plus de 5 francs. Le bénéfice fait peut être évalué à plus de 90 000 francs, si l'on veut bien observer que les huit dixièmes au moins de la graine préparée étaient de la graine de pin à crochets. Les frais de premier établissement sont donc actuellement largement amortis.

La qualité germinative a varié, depuis 1875, entre 68 et 94 pour 100 ; elle a été, en moyenne, de 75 pour 100.

Le rendement de l'hectolitre a été de 1^{k},235 de graines ailées, et le kilogramme de graines ailées a donné 750 grammes de graines désailées. En résumé, cette sécherie a rendu jusqu'à ce jour de grands services, et si son état de délabrement actuel nécessite des réparations importantes, nous ne pensons pas qu'on doive hésiter à les entreprendre.

Sécherie de Murat. — La première sécherie de Murat (Cantal) avait été construite en 1861, d'après les plans de M. Morin, sous-inspecteur des forêts, qui s'était inspiré du deuxième type à tiroir étudié par M. Sommervogel, et de la disposition adoptée à Fontainebleau.

Murat avait été choisi comme le centre des forêts de pins de l'arrondissement de ce nom et de celui de Saint-Flour. Dans le principe, la

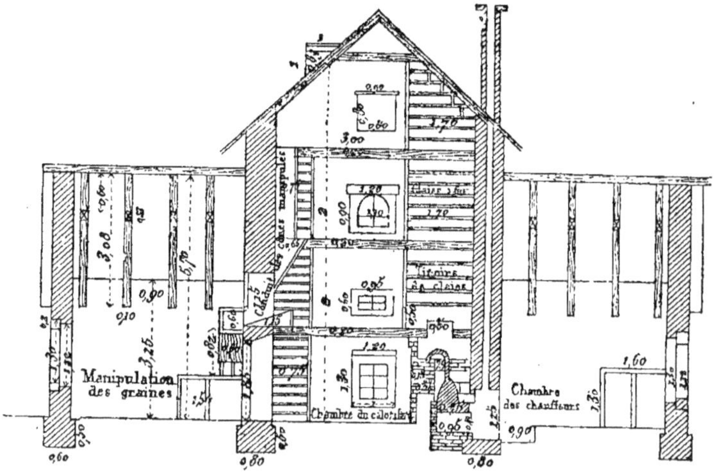

Fig. 23. — Coupe de l'ancienne sécherie de Murat.

cueillette des cônes rencontra de nombreux obstacles. Les habitants refusaient de travailler ; il fallut avoir recours à des brigades d'ouvriers amenés de loin. En présence de cette concurrence et du prix très avantageux payé par hectolitre : 2 fr. 50 à 3 francs, l'opposition cessa ; bientôt il fallut louer des magasins provisoires à Chalinargues et Maillargues. Depuis, le rayon d'approvisionnement s'est agrandi ; il s'est étendu dans la Haute-Loire, la Lozère et le Puy-de-Dôme ; il se développera encore lors de l'ouverture des lignes ferrées d'Ambert et de Marvejols. Pour donner une idée de son importance, il suffit de signaler ce qui est arrivé en 1880 : après quatre jours d'ouverture, les magasins étaient remplis par 12 500 hectolitres ; l'approvisionnement était complet ; les paysans, avertis par voie d'affiches, furent invités à ne plus faire d'apports des cônes. Les réclamations nombreuses entraînèrent une

enquête administrative de laquelle il ressortit que plus de 18 000 hectolitres restaient chez les paysans.

La première sécherie se composait d'un bâtiment principal flanqué
de deux annexes, comme à Fontainebleau, et de deux magasins pour
les cônes.

Le bâtiment principal (fig. 23 et 24), ou sécherie proprement dite, comprenait, au rez-de-chaussée, un calorifère au-dessus duquel étaient trois
étage espacés de 2 mètres sous poutre. Un des grands côtés de chaque

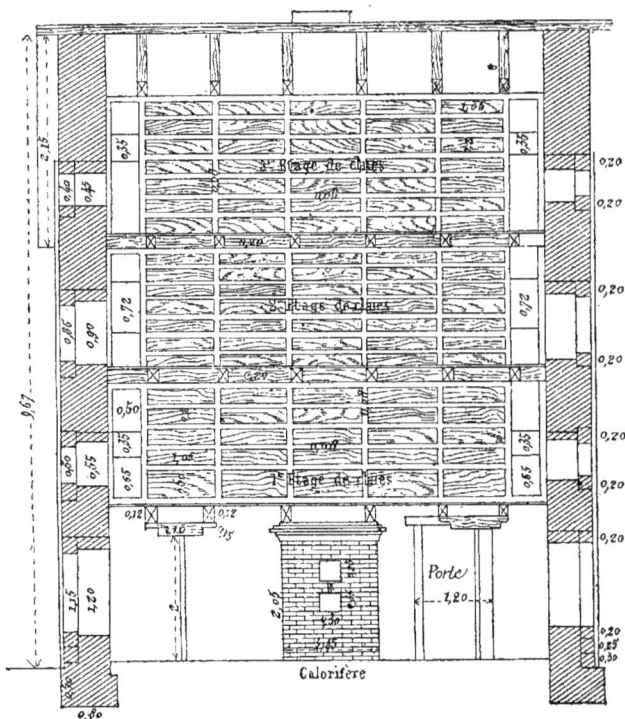

Fig. 24. — Coupe longitudinale et élévation des tiroirs et du calorifère de l'ancienne sécherie
de Murat.

étage était garni de tiroirs du même modèle que ceux de Haguenau et ne
contenant chacun qu'une claie. Les trois étages contenaient quatre-vingt-
dix tiroirs représentant une surface d'étendage de 100 mètres carrés. Au
premier, on avait ménagé, en dessous du premier rang de tiroirs, un
espace dans lequel l'air chauffé par le calorifère débouchait et se répar-
tissait en dessous de chaque rang, pour s'élever ensuite jusqu'au troisième étage, en traversant les couches de cônes étendus sur les claies.
Le surplus des étages était occupé par un escalier, un tube pour rejeter

les cônes vides dans l'annexe et un espace vide servant aux manipulations et au dépôt d'approvisionnement de cônes pleins.

L'annexe de droite servait d'accès au foyer du calorifère et au dépôt de cônes vides destinés au chauffage.

L'annexe de gauche servait de salle de manipulation des graines et de logement pour le sécheur et sa famille.

Les manipulations s'opéraient ainsi :

Les cônes, débarrassés des aiguilles et corps étrangers par des jets de pelle à grande distance, étaient entreposés sur le plancher des étages pendant plusieurs jours avant d'être mis en tiroir. Ils perdaient ainsi une partie de leur humidité ; car la température était toujours très élevée en cet endroit. Ils étaient ensuite placés sur des claies et exposés dans l'étuve à une température constante de 45 degrés. Les chauffeurs étaient passibles d'une amende de 5 centimes par heure toutes les fois que la température s'abaissait au-dessous de ce chiffre. Les

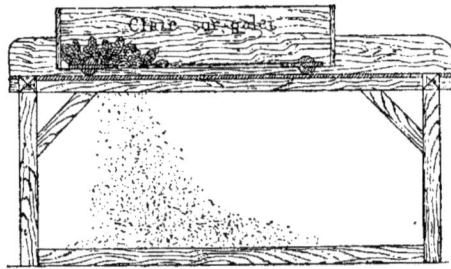

Figure 25. — Coupe.
Claie à secousse roulant sur rail.

Figure 26. — Élévation.

cônes n'étaient pas changés de tiroir ni d'étage ; mais deux fois par jour, à une heure et à six heures, chaque claie était sortie et secouée violemment pour faire tomber la graine. Le temps que les cônes mettaient pour s'épanouir complètement variait suivant l'endroit dans lequel la claie se trouvait. Les cônes du premier étage s'épanouissaient en huit ou douze heures, tandis que ceux des autres étages mettaient seize à vingt-quatre heures. A un même étage, il n'était pas rare de voir renouveler les cônes d'une claie toutes les huit heures, tandis que ceux de la voisine restaient seize à vingt heures en tiroir. Ces inégalités tenaient à la hauteur de l'étuve, au refroidissement causé par les murs, à la direction des courants d'air chaud, à la fermeture hermétique de l'étuve. Nous avons déjà expliqué quelques-unes de ces causes au sujet de la sécherie de Fontainebleau, les autres le seront ultérieurement.

Au sortir de l'étuve, les cônes étaient secoués, puis fortement piétinés avant d'être employés au chauffage ; ce piétinement rendait beaucoup plus qu'à Fontainebleau ; parce que le brassage était beaucoup moins violent pendant la manipulation dans l'étuve. Il se faisait au moyen d'une claie montée sur roulette à laquelle on imprimait un mouvement saccadé de va-et-vient sur un cadre armé de rails et supporté par quatre pieds. (Fig. 28 et 29.)

Le désailement était obtenu au moyen d'un battage au fléau; le nettoyage se faisait par un triple criblage. Ce mode est bien moins avantageux que le ventilateur; il est plus onéreux et moins efficace.

Le chargement de l'étuve était de 36 hectolitres. Chaque journée de manipulation fournissait 41 kilogrammes de graines ailées, par suite du renouvellement partiel d'une partie des cônes situés le plus près des bouches d'arrivée d'air chaud. Le rendement annuel de la sécherie pouvait donc être évalué à 41×300 12 300 kilogrammes; il atteint 12 125 kilogrammes en 1881, chiffre bien près du maximum indiqué ci-dessus; pour l'atteindre, il fallait chauffer jour et nuit.

Donnons maintenant quelques renseignements sur les prix de revient.

Les frais de premier établissement se sont élevés à 13 097 fr. 42, savoir :

Acquisition de terrains..............................	1 015 fr. 73
Construction du bâtiment principal....................	4 493 77
Aménagement et outillage de l'étuve.................	3 298 85
Magasins..	4 289 07
	13 097 fr. 42

Depuis 1862, première année de fonctionnement, jusqu'en 1869, la sécherie a produit 39 300 kilogrammes de graines résineuses et 6 703 kilogrammes de graines feuillues, savoir :

	Kilogrammes.
Graines de pin sylvestre............................	12 371
— de sapin...................................	26 929
— de hêtre...................................	6 378
— de frêne...................................	325
	46 003

La dépense faite a été de 48 398 francs.

Comme on le voit, pendant cette période, la récolte de graines de pin sylvestre n'a pas encore d'importance, la principale préparation est le sapin, dont il existe de grands massifs aux alentours de la sécherie.

Le fonctionnement de l'établissement a été néanmoins avantageux; car l'acquisition de ces graines au commerce eût coûté 69 355 fr. 90, savoir :

12 371 kilogrammes de graines ailées de pin sylvestre à 3 fr. 30..	40 824 fr. 30
26 929 kilogrammes de graines de sapin à 1 franc..............	26 929 00
6 370 kilogrammes de faînes à 20 francs les 100 kilogrammes...	1 277 60
325 kilogrammes de graines de frêne à 1 franc le kilogramme..	325 00
	69 355 fr. 90

Le bénéfice réalisé est donc, pour cette période, de

69 355 fr. 90 — 48 398 fr. = 20 957 fr. 90.

Nous n'avons pas de renseignements pour les quelques années suivantes ; de 1873 à 1881 la production a été de 63 455 kilogrammes de graines ailées de pin sylvestre, soit 44 122 kilogrammes en graines désailées. La récolte des autres essences a été complètement abandonnée. La dépense s'est élevée à 192 653 fr. 81, savoir :

Frais de récolte et manipulation................	178 059 fr. 13
Salaire du sécheur............................ ...	7 874 76
Assurance.. ..	584 04
Réparations au bâtiment........................ ..	6 135 88
Total égal...........	192 653 fr. 81
A déduire pour la vente des cônes vides......	5 665 70
Reste.....	186 988 fr. 11

Le prix moyen a donc été de 2 fr. 94 pour la graine ailée et de 4 fr. 23 pour la graine désailée.

L'acquisition de ces essences au commerce aurait coûté 221 306 francs, en appliquant à chaque récolte la moyenne annuelle correspondante au prix du commerce, valeur minimum évidemment ; car, pour compléter les approvisionnements, l'Administration aurait été entraînée à approuver des offres plus élevées que celles déjà acceptées. Il conviendrait encore d'ajouter au bénéfice les redevances payées par les particuliers pour les délivrances à prix réduit qui se sont élevées à 5 755 francs depuis 1878 :

221 306 — 186 988 + 5 755 fr. = 40 073 fr.

Il résulte de ces calculs que, depuis sa construction, ladite sécherie a fait bénéficier l'État, sans compter les années 1870 à 1872, de 61 000 francs au minimum, chiffre supérieur à l'amortissement des frais de premier établissement.

La sécherie a été brûlée par la foudre en juin 1881 ; elle était encore en bon état. Nous allons étudier maintenant le projet de restauration ; mais, auparavant, nous relevons les chiffres statistiques similaires à ceux donnés pour les autres établissements.

Le rendement moyen par hectolitre a été, de 1875 à 1881, de 1^k,219 de graines désailées, donnant 842 grammes de graines désailées ; le litre de graines pesait 460 à 480 grammes et donnait 65 à 96 pour 100 de semences susceptibles de germination.

L'hectolitre de cônes pleins pèse, au mois de décembre, 50 kilogrammes ; au mois de juin, il pèse encore 47 kilogrammes ; au bout de deux ans d'emmagasinage, il ne pèse plus que 34 kilogrammes.

Il est encore nécessaire de résumer ici quelques chiffres qui démontrent l'utilité des sécheries pour les préparations des graines de pin sylvestre et de pin à crochets. Pour chaque sécherie, nous avons prouvé que les frais de premier établissement étaient amortis, et même que cette dépense avait été productive d'un certain intérêt. Le tableau suivant, donnant les moyennes de la période 1873-1881, démontrera que la production d'une sécherie est plus économique et de meilleure qualité que celle des préparations solaires.

	Prix du kilogr.	Qualité.	Rendement de l'hecto-litre en graines désailées.
Pin sylvestre de la sécherie de Murat.......	4 fr. 23	65 à 96 °/₀	0ᵏ,841
— de la sécherie de Fontainebleau.	5 86	74 à 94	0 ,780
— au Puy-de-Dôme.............	3 54	24 à 83	0 ,640
— des Hautes-Alpes.............	4 77	68 à 93	0 ,710
— de la Lozère.................	6 00	20 à 88	0 ,803
Pin à crochets de la sécherie de la Llagonne.	3 14	68 à 94	0 ,822
Pin à crochets des Basses-Alpes...........	6 35	62 à 68	0 ,746
Pin à crochets des Hautes-Alpes...........	6 95	24 à 76	0 ,793

En ce qui concerne le prix de revient, il est inférieur dans les sécheries; nous n'avons d'exception que pour Fontainebleau et le Puy-de-Dôme; nous avons déjà donné des renseignements sur l'élévation momentanée, à notre avis, du prix de Fontainebleau, et nous avons dit que le prix du Puy-de-Dôme est peu élevé en raison même de la faiblesse des récoltes difficilement extensibles dans les mêmes conditions.

La qualité est partout supérieure dans les sécheries, et il en est de même du rendement par hectolitre. Si le rendement de Fontainebleau est inférieur à celui de la Lozère, cela tient à la jeunesse des pineraies, probablement à la différence de climat et à ce que le pin n'est pas indigène à Fontainebleau. Mais lorsque l'on considère une même région, le tableau démontre que les cônes du centre de la France, par exemple, préparés à Murat donnent 5 pour 100 et 40 pour 100 en plus que lorsqu'ils sont préparés par la chaleur solaire dans le Puy-de-Dôme et la Lozère.

Les sécheries sont, à notre avis, des établissements utiles et économiques; mais il faut savoir calculer leur importance d'après la production locale et construire en montagne de petits appareils du genre de ceux proposés par M. Sommervogel et dans les centres plus importants des établissements susceptibles d'une plus grande production.

Le développement de la cueillette des cônes dans la région de Murat faisait un devoir à l'État de profiter des efforts faits par le service forestier et de reconstruire l'étuve brûlée par la foudre.

Pendant ces dernières années de roulement, l'ancien appareil était déjà insuffisant pour préparer des récoltes proportionnées au besoin du service; de plus, pour obtenir le rendement de 12 000 kilogrammes ailés, soit 7 500 kilogrammes désailés, il fallait travailler toute l'année. La moitié de l'approvisionnement n'était employée qu'au deuxième printemps, après avoir perdu une grande partie de sa valeur germinative.

L'ancien bâtiment, dont il ne restait que quatre murs, ne pouvait être aménagé de façon à donner une plus grande production, il fut, dès le printemps, converti en magasin pour les graines et en logement pour le sécheur, qui habitait un galetas malsain. Il fut décidé que la nouvelle étuve serait construite sur un terrain voisin déjà acheté par l'État, pour la construction de nouveaux magasins. La nouvelle sécherie devait pouvoir fournir, pour les travaux du printemps, 12 000 kilogrammes de graines provenant des cônes de l'année.

Quel système fallait-il employer pour obtenir ce résultat ?

Les étuves dont nous venons de parler, avaient de graves inconvénients qui se seraient encore augmentés avec les dimensions à donner à la nouvelle construction.

Dans les sécheries anciennes, le cube de l'air à chauffer et la perte de chaleur sont considérables. La surface d'étendage étagée le long des murs exposés d'un côté aux intempéries atmosphériques subit de ce fait un refroidissement d'autant plus nuisible qu'il entraîne en cet endroit une condensation presque continuelle de la vapeur d'eau suspendue dans l'air des étuves, et ralentit l'épanouissement des écailles sur ce point.

La grande hauteur et la fermeture hermétique permettent la formation de courants d'air chaud et refroidi, nuisant à la bonne répartition de la chaleur ; l'atmosphère non renouvelée, bientôt saturée d'humidité, nuit à la prompte dessiccation ; le moindre refroidissement entraîne des condensations qui rendent aux cônes l'humidité perdue.

L'ouverture des tiroirs dans les sécheries de l'espèce diminue bien ces inconvénients ; elle dévie les courants et permet à la vapeur de se dégager dans les salles de manipulation ; mais elle en a un autre : l'air chaud, arrivant du calorifère, se dirige vers le tiroir ouvert et s'échappe sans profiter aux rangs situés au-dessus, où un refroidissement et de nouvelles condensations se produisent. L'exactitude de ce fait se vérifie à Fontainebleau, où il a même été utilisé par les constructeurs. Lorsque le sécheur s'aperçoit que la température s'élève trop dans l'étuve, il ouvre une petite trappe de 10 à 12 centimètres, placée au-dessus du calorifère sous le dôme qui sert d'écran ; aussitôt un courant rapide se forme vers cette trappe ; la température cesse de s'élever à l'intérieur de l'étuve, et bientôt même elle est redescendue de 3 à 4 degrés.

Le dernier vice des étuves françaises est le travail des ouvriers au milieu d'une atmosphère surchauffée ; dans les sécheries à tiroir la chaleur est moindre dans les chambres de manipulation, mais elle est encore considérable ; l'ouvrier ouvre sans cesse les trappes, recevant ainsi à chaque instant des bouffées d'air chaud dans la figure. Ce travail fatigant et pénible devrait être écarté, s'il était possible.

Une étude des systèmes allemands permit de reconnaître que des essais avaient été faits dans ce pays pour parer à ces désavantages. Trois types principaux semblent supérieurs à ceux décrits précédemment :

1° L'étuve en forme d'armoire ;

2° L'étuve de MM. Noback et Fritze ;

3° L'étuve à wagonnet.

Ils sont peu connus des forestiers français. Nous en dirons quelques mots, grâce aux renseignements qui ont été fournis par MM. Stainer et Hoffmann, de Wiener-Neustadt, soit à l'Administration centrale, soit par l'intermédiaire de M. Lemercier, jeune ingénieur distingué, qui visita leurs établissements l'été dernier.

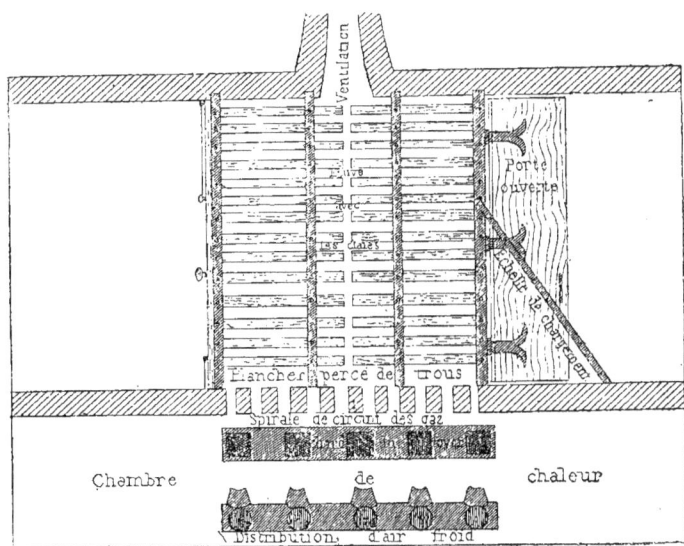

Fig. 27. — Coupe transversale de l'étuve en armoire.

L'étuve en forme d'armoire (fig. 27-28) est maintenant très connue en Allemagne. Elle est placée au milieu d'une grande salle, pour éviter le refroidissement des murs extérieurs. Elle peut se construire très facilement de la façon suivante : quatre rangées de fer méplat sont alignées au milieu de la pièce, à 1 mètre les uns des autres en tous sens. Ils sont percés, de 25 en 25 centimètres, par des trous ronds au travers desquels passent des tringles de fer rond, encastrées dans les murs aux deux extrémités ; deux rangs de claies sont placés sur chaque étage formé par ces tringles. Les deux faces sont garnies de fortes portes en fer ou en fer et bois ; la partie inférieure est fermée par un plancher à jour au-dessous duquel se trouve le générateur de chaleur.

Le plafond est percé de cheminées d'appel pour renouveler l'air constamment ; deux fois par jour, les portes sont ouvertes simultanément des deux côtés à la fois, et l'on procède à la manipulation. Lorsque l'étuve a une grande longueur, elle est partagée verticalement en compartiments. La hauteur est, autant que possible, maintenue entre 3 mètres et 5 mètres; une échelle mobile sert pour le chargement des rangs supérieurs.

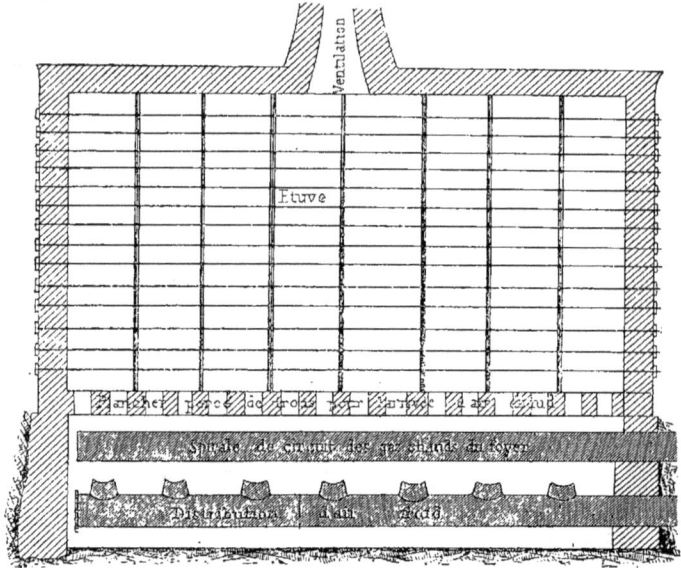

Fig. 28. — Coupe longitudinale de l'étuve en armoire.

Ce modèle a encore l'inconvénient de laisser l'étuve improductive pendant un certain nombre d'heures et d'obliger les ouvriers à travailler dans une atmosphère encore bien chaude. De plus, la construction des portes est chère et leur agencement assez délicat. Cette disposition nous paraît toutefois plus avantageuse que celle des sécheries à tiroirs, surtout si l'on divise l'étuve en compartiments verticaux. Elle peut être employée pour de petites étuves.

Les étuves Noback et Fritze, de Prague, sont complètement différentes. Leur disposition est fort ingénieuse (fig. 29).

L'étuve est formée d'une tour carrée, haute de 8 à 10 mètres. Elle est fermée, à la partie supérieure, par une calotte en maçonnerie percée d'une cheminée de ventilation. Un des côtés de la calotte est muni d'une porte par laquelle on peut introduire un wagonnet de chargement.

En dessous, dans toute la hauteur de la tour, on dispose des étages formés de cornières mobiles sur un axe. Tous les axes traversent le mur de la tour et sont montés extérieurement sur un mécanisme qui permet de tourner à la fois toutes les cornières du même étage.

Au-dessous de l'étage le plus bas et tout autour de la tour, l'air chaud arrive par des bouches le lançant horizontalement.

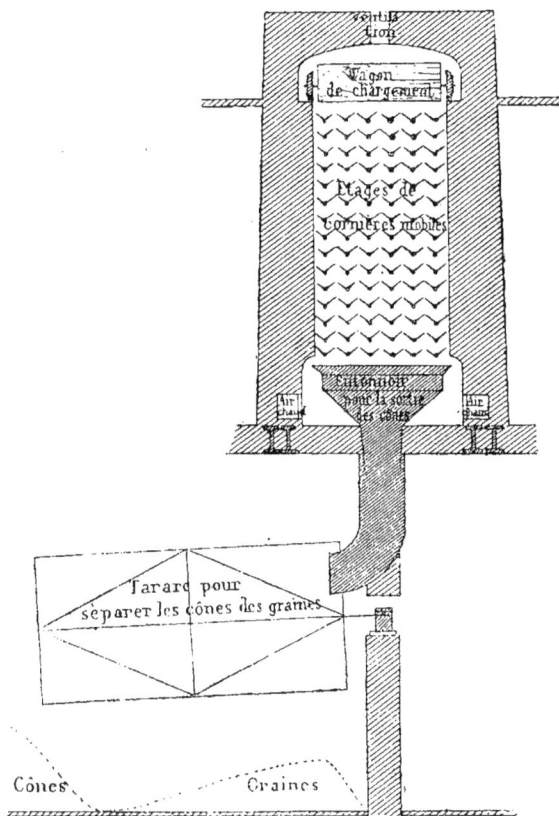

Fig. 20. — Coupe de l'étuve (système Noback et Fritze).

Le fond de la tour est formé par un grand entonnoir aboutissant à un conduit, puis à un tarare.

Lorsque les cornières sont maintenues dans la première position de la figure 30, elles forment une grille au travers de laquelle les cônes ne peuvent pas passer ; mais si l'on tourne toutes celles d'un étage de 60 ou 120 degrés, les cônes tombent aussitôt à l'étage inférieur. Une fois l'étuve chargée et mise en train, la préparation continue sans interruption ; l'air chaud sorti des bouches inférieures s'élève au travers des couches de cônes et vient s'échapper par la cheminée d'appel. Les étages inférieurs sont les plus exposés à l'air chaud ; les cônes y sont séchés par l'air le plus sec ; ils sont depuis le plus longtemps dans l'étuve. Si, donc, l'on considère les différents étages, les cônes y sont d'autant plus épanouis qu'ils sont plus près du bas de la tour. Lorsque l'on juge les cônes du rang inférieur suffisamment secs, on fait virer les cornières, leur charge tombe aussitôt dans l'entonnoir allant au tarare qui sépare les graines des cônes. On remet dans la première position les cornières déplacées ; puis l'on fait la même opération à tous les étages. A la fin de la manœuvre, le rang su-

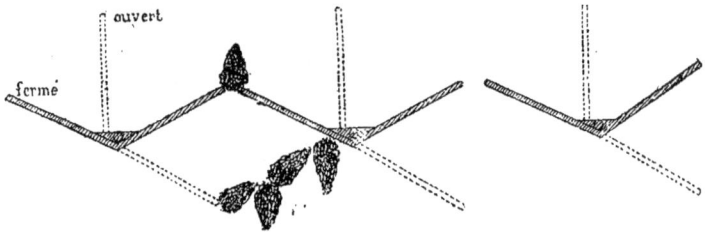

Fig. 30. — Positions extrêmes des cornières dans l'étuve (système Noback et Fritze).

périeur reste vide ; on décharge dessus le wagonnet, et l'étuve continue à fonctionner.

Un appareil de ce genre, de 8 mètres de haut sur 4 mètres de large en tous sens, supporte un chargement de 24 hectolitres que l'on peut renouveler toutes les huit ou seize heures suivant la saison. Il coûte 22 000 francs environ en Autriche. Un seul homme suffit pour le manœuvrer.

Ce système très ingénieux peut être très économique dans un centre industriel ; mais il n'en est pas de même dans les pays où l'Administration établit des sécheries. Le mécanisme, quoique très simple, est cependant trop délicat pour être mis entre les mains de paysans. Avant de l'employer, il faudrait s'assurer le concours d'un sécheur ayant quelques notions de mécanique.

Le dernier système signalé consiste en une grande pièce, au milieu de laquelle est une étuve ; deux wagonnets, installés de chaque côté, peuvent y entrer tour à tour ; de sorte que l'on ne perd pas de temps pour le chauffage. Aussitôt qu'un wagonnet de cônes épanouis sort de l'étuve, il est remplacé par un autre ; les ouvriers travaillent, en outre, dans une atmosphère tiède. Ce système a été adopté pour Murat. Il nous suffira de décrire cette dernière sécherie pour le faire comprendre.

Le projet a été fait par M. d'Anthonay, ingénieur, sous la direction des agents forestiers de l'Administration centrale (3ᵉ service, 1ʳᵉ section) qui se sont inspirés d'une étude adressée, il y a quelques années, par M. Stainer.

La nouvelle sécherie se compose d'une grande halle flanquée de trois pavillons sur la façade; le bâtiment a un rez-de-chaussée et un grenier; dans la partie centrale, il existe un sous-sol (fig. 31-32).

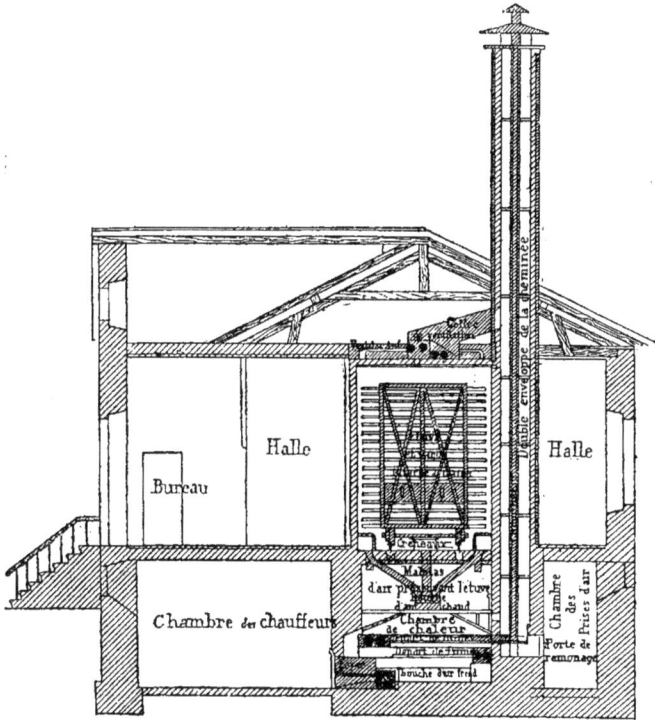

Figt 31. — Coupe transversale de la sécherie de Murat.

Une voie ferrée, solidement installée, traverse toute la halle; le passage au-dessus du sous-sol est soutenu par de fortes solives de fer encastrées dans la maçonnerie.

Sur cette voie, deux wagons de 6 mètres de long, 2 mètres de large et 4 mètres de haut peuvent circuler; chacun d'eux contient 288 claies de 75 centimètres sur 1ᵐ,50 pouvant servir à l'étendage de 100 hectolitres de cônes. Ces claies débordent du wagon de 0,50 de chaque côté.

L'étuve, située au milieu de la halle et traversée par la voie ferrée, a la largeur et la longueur du wagon chargé; mais elle a 50 à 60 centimètres de plus de hauteur. Parallèlement à la voie ferrée, elle est

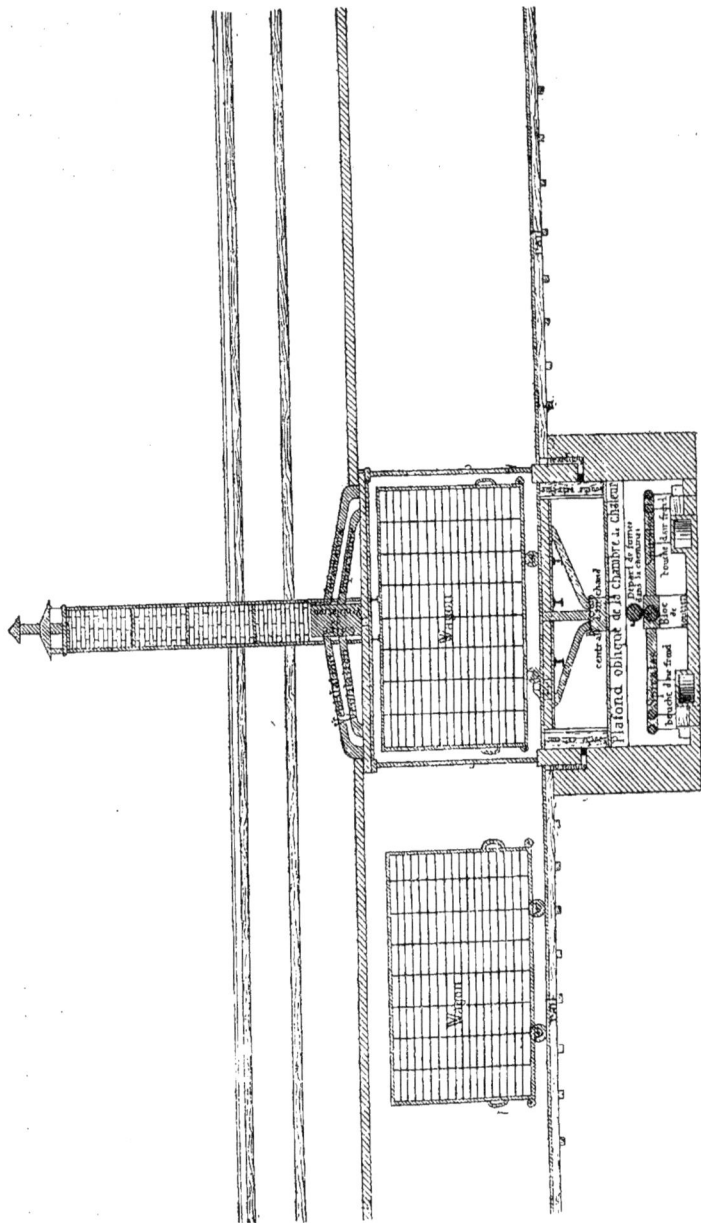

Fig. 32. — Coupe longitudinale de la sécherie de Murat.

fermée par deux murs en briques munis de regards vitrés, dans le sens opposé, par deux grandes portes en fer et tôle.

L'air chaud y arrive, à la partie inférieure, par quatre séries de bouches crénelées, distribuées, dans toute la longueur, parallèlement aux rails. Il en sort de deux façons différentes, suivant les besoins du moment, soit par quatre départs inférieurs, soit par cinq départs supérieurs. Pour activer le courant de renouvellement continu, cette double ventilation se réunit dans un coffre correspondant à la double enveloppe de la cheminée. La colonne de fumée, en s'élevant dans le tuyau de tôle, produit une surélévation de température dans la double enveloppe; l'air surchauffé s'élève alors, aspirant à sa suite celui de l'étuve.

Le calorifère, situé dans le sous-sol, a été construit pour la combustion des cônes vides, excellent combustible dont la puissance calorique est telle que les cendres sont fondues par l'ardeur du foyer; il se compose d'une grande cloche en fonte munie d'une grille percée, seulement en son milieu, de trous destinés à amener une grande quantité d'air dans le foyer; car il convient, pour le bon fonctionnement du système, de répartir la grande quantité de calorique sur le plus grand cube d'air possible. Les gaz du foyer se rendent dans un coffre situé au-dessus de la cloche; de là, ils se dirigent dans deux spirales qui font le tour d'une chambre dite *de chaleur*, située sous l'étuve; puis ils reviennent se réchauffer dans un coffre situé au-dessus du foyer avant de s'élever dans la cheminée. Des clefs disposées sur ce trajet permettent de régler le tirage.

Le rayonnement de la cloche, des coffres, des spirales chauffe l'air de la chambre de chaleur et le porte à une température de 80 à 100 degrés; cet air entre dans les conduits des bouches, qui se développent dans une seconde pièce, isolant l'étuve du calorifère et la mettant à l'abri du rayonnement du foyer. L'air chaud arrive dans les bouches crénelées, s'y mélange avec l'air refroidi du fond de l'étuve, et sort par les créneaux à une température de 50 à 60 degrés. Les courants horizontaux formés se chicanent en dessous du wagon, l'air se mélange encore, et il s'élève de cette partie une colonne d'air chauffé à 45 ou 50 degrés, qui traverse toutes les couches de cônes, et a encore 40 à 48 degrés à la sortie par la ventilation supérieure.

Ces températures ont été obtenues en réglant le nombre des prises d'air chaud arrivant dans les bouches crénelées; elles peuvent être diminuées en réglant le chauffage dans le foyer et en fermant plus ou moins les soupapes d'arrivée d'air chaud.

La manipulation a été faite de la façon suivante lors des expériences pour les réceptions des appareils : un des wagons préalablement chargé de cônes était introduit dans l'étuve; les portes étaient fermées; la ventilation inférieure ouverte ; puis, toutes les heures, pour enlever les buées formées dans la partie supérieure de l'étude, la ventilation supérieure était ouverte pendant le temps nécessaire pour que toute trace d'humidité ait disparu à l'intérieur de l'étuve. Le wagon restait ainsi de vingt-quatre à trente-six heures. Pendant ce temps, des ouvriers transportaient des cônes dans les dépôts situés de chaque côté de la halle ; ils garnissaient le deuxième wagon et criblaient les graines déjà préparées. Aussitôt que la charge du premier wagon était suffisamment épanouie, il était sorti et remplacé par le deuxième ; le séchage continuait ainsi sans interruption. Les claies du premier wagon étaient alors déchargées et regarnies avec de nouveaux cônes : si la charge de quelques claies était suffisamment ouverte dans les parties traversées par les courants de la ventilation inférieure, elles étaient déplacées. Des pesées faites, il résulte que 1 hectolitre de cônes récemment cueilli pesait 50 kilogrammes à son entrée dans l'étuve et 28^k,300 à la sortie avant l'extraction de la graine ; la perte en eau volatilisée est donc de 21^k,700, soit 2 170 kilogrammes pour le chargement complet du wagon. Le produit d'un wagon était de 75 à 80 kilogrammes de graines ailées par manipulation, il a atteint depuis 95 à 100 kilogrammes.

Les cônes épanouis sont restés deux jours dans les halles par un temps pluvieux, sans que les écailles se soient refermées d'une façon sensible ; la manipulation a pu être faite sans difficulté au bout de ce temps.

L'expérience peut conduire à faire des économies dans la main-d'œuvre ; mais, tel que nous venons de la décrire, la manipulation était faite par le même nombre d'ouvriers que dans l'ancienne sécherie qui donnait 41 kilogrammes par jour.

Pour éviter les surchauffes, des avertisseurs électriques ont été placés aux quatre coins de l'étuve.

Les magasins actuels sont insuffisants pour loger l'approvisionnement de cônes nécessaire ; on devait en construire un nouveau en 1883. Nous ne pensons pas qu'on doive en établir d'autres, attendu que les cônes peuvent être déposés en plein air et abrités d'une façon quelconque sans aucun inconvénient pour la graine pendant la saison d'hiver ; l'action de la gelée est plutôt favorable au prompt épanouissement dans l'étuve.

L'installation de cette nouvelle étuve a été chère par suite de l'obligation où l'on a été de faire exécuter les appareils divers en dehors de Murat, et même en majeure partie à Paris même. Elle a coûté environ 70 000 francs, dont 30 000 pour le bâtiment, et le surplus pour les appareils et l'outillage. Nous sommes persuadé que cette somme sera promptement amortie, si l'Administration demande à cet établissement les approvisionnements importants qu'il est susceptible de fournir.

Ici se termine notre étude, nous devons déclarer que notre seule prétention a été de fournir quelques points de repère aux personnes qui s'occupent des récoltes de graines résineuses. Elle est le résultat de recherches faites pendant notre séjour à l'Administration centrale. Tous nos camarades, tous nos prédécesseurs qui se sont occupés de la question ou de l'un de ces détails, peuvent reconnaître, dans les lignes qui précèdent, leur dire ou leur œuvre ; les ayant reconnus bons, notre désir a été de les vulgariser pour rendre service aux forestiers et tâcher de conserver à la France une partie du lourd impôt qu'elle paye à l'étranger sous forme d'acquisition de graines résineuses.

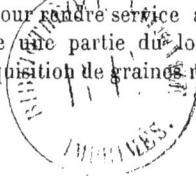

TABLE DES MATIÈRES

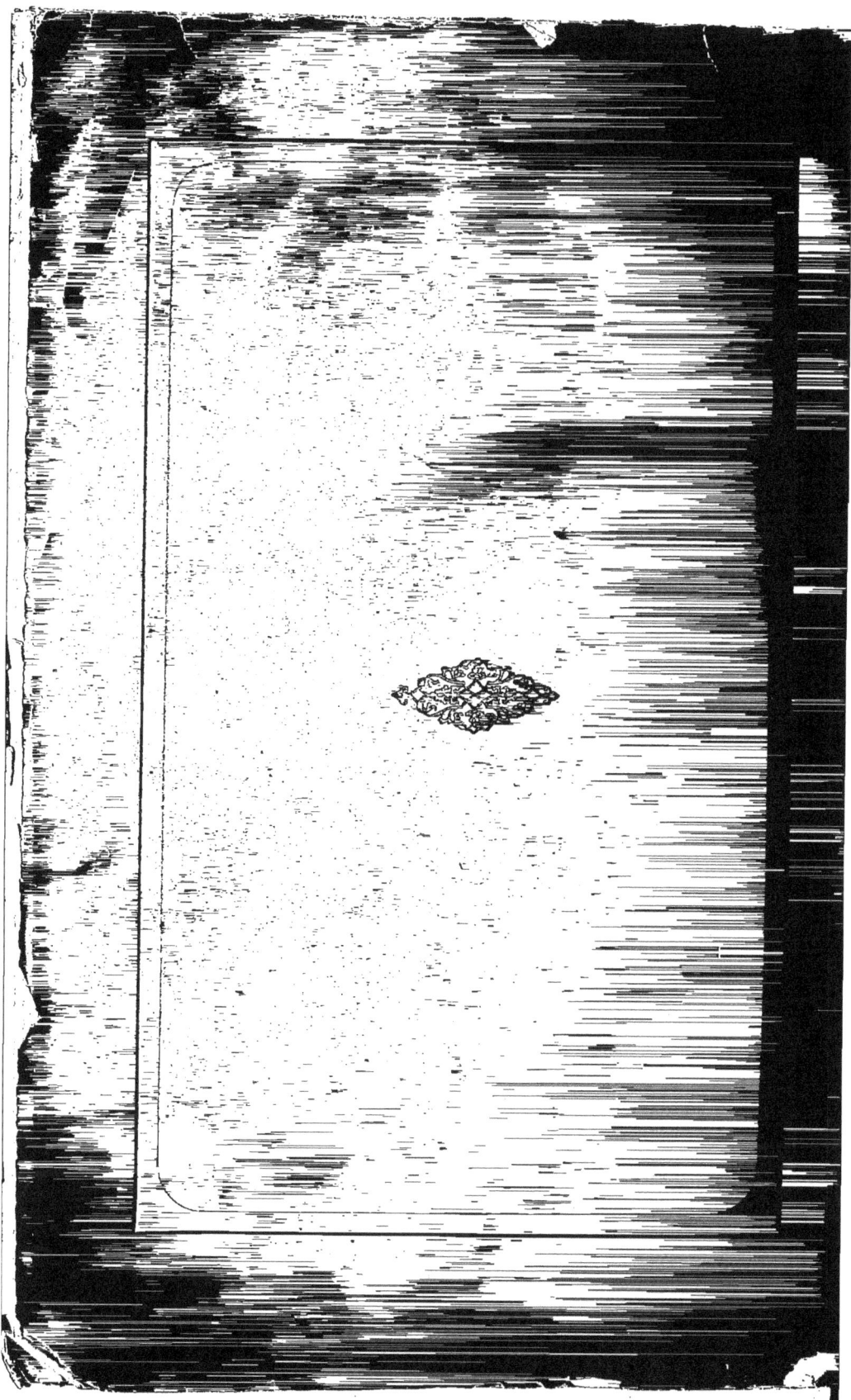